STATA를 활용한 경영논문 통계분석

코드카피
횡단면분석

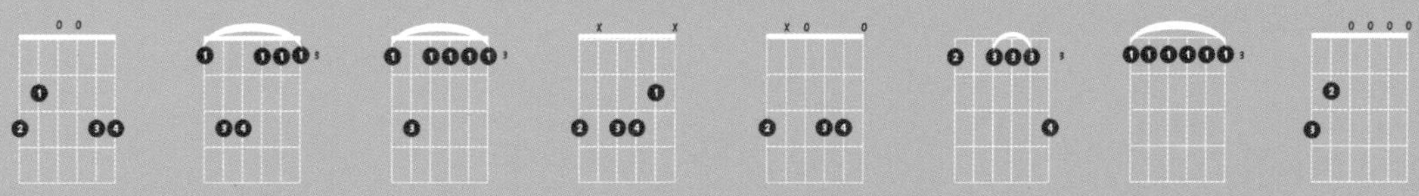

민유주아나 지음

MEDIA JIPHIL
(주)지필미디어

| 저 | 자 | 소 | 개 |

민유주아나

학부에서 정보통신공학을, 석사는 정책학을 공부하였으며, 경영학 박사를 취득하였다. 수학당시 산업통상자원부, 통계청, 대외경제정책연구원 등의 국책연구기관 논문 공모전에서 수상 경험이 있으며, 산업경영학회에서 우수발표논문상, 졸업 시 우수학술연구상을 수상하였다. 한국교육개발원 재직 당시 소속 교육통계센터에서 한국교육재정 통계를 경제개발협력기구(OECD)에 보고하는 업무를 담당하였으며 현재 연세대학교 경영연구소에서 연구교수로 재직 중이다. 연구분야는 기업환노출, 환율가격전가 및 국제자금결제 등, 기업수준에서 환율 영향력 평가에 관심이 있으나, 새로운 방법론적 관점에 맹신에 가까운 집착으로 몬테카를로 시뮬레이션 분석, 신규지표 개발 등 경영학에서 널리 도입되지 않은 분석방법론으로 다수의 논문을 게재하였다.

Stata를 활용한 경영논문 통계분석 코드카피

횡단면분석

발 행 일 2020년 2월 10일
저 자 민유주아나
발 행 인 김성남
발 행 처 (주)지필미디어

주 소 경기도 파주시 문발로 132 조에아울렛 402호
전 화 (031) 957-4504
팩 스 (031) 957-4503
이 메 일 book@jiphil.co.kr
홈페이지 www.jiphil.co.kr
등록번호 제 312-1997-000043호 (1997년 07월 16일)

I S B N 979-11-86674-63-5 93310
가 격 18,000원

횡단면 레시피를 공개하며

여기저기에서 4차 산업혁명 시기라며 다음 세대는 컴퓨터 언어 및 통계 언어에 능통한 사람 즉, 정보 리터러시 혹은 디지털 리터러시가 높은 사람이 성공하는 첫 세대일 것이라고 어린 나이부터 코딩이나 통계를 교육시키고 있다. 과거에도 아이의 IQ를 높이는 방법에서 출발하여, EQ의 중요성을 이야기하더니 문화지능(MQ), 사회성지능(SQ)에 이르기까지 사회에 적응하기 위한 요소들은 계속 변해왔다. 필자는 다음 세대에 요구된다고 믿는 정보리터러시도 이전 시대에 강조한 감수성과 다르지 않다고 생각한다. 시대마다 요구하는 지능들은 그 자체로 중요하다기보다는 해당 지능으로 주어진 환경에서 적절히 문제해결 능력을 발휘할 수 있느냐가 더욱 관건이다. 그런 면에서 정보를 잘 읽을 줄 아는 능력은 다음 세대가 정보화된 사회에서 구성원으로 살아야하기에 제기된 능력일 것이다.

시간적 여유가 아직 있는 어린 친구들이야 놀이와 정보 분석이 다르지 않는 환경에서 정보감수성을 키울 수 있지만 당장 졸업을 위해, 학위 취득을 위해 정보를 분석**해야만** 하는 연구자들에게는 절대적 시간도 부족하고, 읽어야 할 책도 많다. 물론 가장 좋은 방법은 비록 시간이 걸리고, 다소 시행착오를 겪더라도 과거 선배들이 그랬듯이 정공법을 택할 수도 있다. 그럴 경우 많은 공부 시간 투자로 인하여 좁아진 인맥, 과도하게 컴퓨터 앞에 앉아 있어서 오는 척추측만증, 거북목 등 잃는 것도 있겠지만 학자로서 누구도 무시하지 못할 무기를 갖게 되는 보상이 따른다고 필자는 확신한다.

하지만 필자의 단언에 마음을 다잡고 계량경제학, 통계학을 진지하게 공부하기 위해 두꺼운 이론 서적를 펼쳐든다면, 요리사가 되기 위해 주방 보조로 취직했는데 막상 양파 껍질만 벗기기만 하고, 설거지만 한다는 느낌을 떨쳐 버릴 수가 없을 것이다. 그리고 조만간 요리는 나랑 안 맞는 거 같아! 라면서 주방을 뛰쳐나가듯 책을 덮어 버릴 것이다. 필자도 그랬다. 얼마나 같은 계량 서적을 반복해서 읽고, 얼마나 더 많은 계량 서적을 읽어야 번듯한 논문을 쓸 수 있을까라고 생각하며 공부는 나랑 안 맞아!라고 생각할 뻔 한 적도(생각할 뻔한 것이 아니라 실제로 느끼고 책을 덮었다면 여러분과 필자는 이렇게 만나는 일이 없었을 것이다) 있었지만 어느 특이점을 지나니 그동안 읽은 구슬들이 꿰어지는 느낌을 받았다.

그 때부터 느낀 것은 요리를 배우기 시작하는 요리사가 각 식재료의 특징을 이해하고 하나의 음식을 완성해서 시식을 받듯이, 통계를 공부하는 이들도 재료준비부터 손질, 그리고 음식의 완성까지 온전하게 경험해서 논문 하나를 완성하는 성취를 느껴보면 어떨까하는 것이다. 그렇다고 아무 재료나 모아서 한 그릇에 쏟아 넣는다고 좋은 음식이 되지 않기에 맛있는 음식을 만들 수 있는 레시피대로 만들면서 완성된 요리 한 그릇을 손에 쥐어 음식을 만드는 성취감을 느껴보면 어떨까. 이 책은 당시의 이런 고민이 실현된 책이다. 물론 된장찌개 하나를 기막히게 끓일 줄 안다고 해서 스파게티를 맛있게 만드는 요리사가 되는 것은 아니다. 하지만 된장찌개를 맛있게 친구에게 대접해서 요리의 즐거움을 **알아버린** 사람이라면 필히 더 맛있는 스파게티를 만들어서 친구를 대접하고 싶은 욕구가 생기리라 필자는 믿는다.

그래서 이 책은 논문 한편을 통계분석하기에 더도 덜도 아닌 딱 그만큼의 이론을 포함하고 있다. 더불어 그 정도의 재료(데이터)를 손질하기에 충분한 자료정리 기술을 알려준다. 그리고 최종적으로는 대상 논문이 도출한 통계분석을 그대로 수행한다. 물론 더 이야기해주고 싶은 강한 욕구를 느끼기도 했지만, 중간 중간 과감하게 "다음 기회를 기약하며..."라며 하고 싶은 이야기를 접었다. 스파게티 요리법을 배우러 온 사람에게 "중국음식은 말이야. 면이 중요해"라고 말하고 싶은 욕구를 필자는 성공적으로 참은 것이다. 이 책이 다음 레시피로 가기 위한 길잡이가 될 뿐만 아니라, 식재료 손질법(Stata를 활용한 데이터관리), 음식의 문화와 역사(계량경제 이론)라는 책에 손 댈 수 있는 용기를 심어주는 책이 되기를 기대한다. 그러다보면 필자는 다른 음식 레시피를 들고 다시 나타날 것이다. 시계열 한 큰 술 패널 몇 큰 술!

2020년 2월

선배 정보 요리사

목 차

Contents

PART 1 이론이 필요해

PART 2 자료 준비

PART 1
이론이 필요해

CHAPTER 01

알아두면 쓸모 있는 유용한 계량 이론 사전

- 논문 통계분석도 코드카피 해야 돼?
- 계량 이론 몰라도 괜찮아, 일단 분석부터 하자
- 자료성격 이해하기 : 친구의 성격을 이해해서 좋은 친구 되어 주기
- 회귀분석(Regression Analysis), 용어 자체도 어렵다.
- 최소자승기법? 너무 쉬우니 어려운 모형으로 논문 써야지!
- 모수 검증 : 도출한 관계가 참일 수 있는 가능성을 설명하라
- 통제의 중요성 : Ceteris Paribus! 다중회귀분석의 강력함

논문 통계분석도 코드카피 해야 돼?

학창시절 록음악에 빠져 전자기타를 연주하고자 마음을 먹어본 사람이라면 유명한 기타 연주의 코드카피를 시도해 본 경험이 있을 것이다. 물론 이제는 어디서든 잘 만들어진 악보를 구할 수 있어 어렵게 코드를 따지 않아도 되는 시대가 되었지만 진지하게 음악을 접하는 입문자들은 여전히 유명 기타연주자들의 코드를 받아 적으면서 연주를 시작한다. 그렇다면 기타 연습할 때 코드카피가 주는 장점은 무엇일까? 아무리 기타 악보가 악기상이나 서점에 즐비하고, 인터넷만 검색해도 자세히 연주법을 알려주는 동영상을 쉽게 구할 수 있는 시대라지만 자기가 좋아하는 곡들의 악보가 필히 진열장 혹은 인터넷에 있을 수는 없는 일이다. 그럴 때 자신이 그 곡을 꼭 연주해 보고 싶으면 연주를 틀어놓고 따라하면서 악보를 따는 수밖에 없다. 또한 락음악의 기타 코드카피는 내가 좋아하는 연주자의 곡을 카피하면서 유명 연주자의 기술을 습득하는 동시에 자신의 실력을 향상시킬 수 있는 효과적인 방법으로도 알려져 있다.

필자가 글을 작성하고 있는 지금 영문으로 경영이론이라고 구글학술(Google Scholar) 엔진에 검색해보니 287만 여개의 결과가 나타난다. 검색된 결과가 모두 학술논문 형식의 글들은 아니지만 이처럼 많은 수의 검색 결과는 논문경진대회 참여가 목적이든 학위취득이 목적이든 연구를 처음 접하는 사람에게는 난감한 일이 아닐 수 없다. 위 검색 결과 중 1%만이 논문이고, 그중 1%만이 최고 학술지에 게재된 논문이더라도 287개의 경영이론과 관련된 좋은 글들을 확보할 수 있는 환경이지만, 정작 "내가 좋은 논문을 작성할 수 있는가?"와는 거리가 느껴진다. 스스로의 연구주제를 설정하고 논문을 작성하기 전에 좋은 논문의 연구자가 연구를 시작한 문제의식, 선행 연구동향 조사, 계량분석, 논리 구성 등의 방법을 미리 알 수 있다면 자신의 생각을 논리적으로 설득시키는 이보다 좋은 글쓰기 학습방법은 없을 것이다.

연구를 처음 시작하는 이들을 위한 기존의 서적은 크게 거대담론으로서의 연구방법론 분야와 실증연구의 중심을 이루는 계량분석 방법을 알려주는 서적으로 양분된다. 두 분야의 서적은 모두 장단점을 갖는다. 연구방법론 서적은 연구 시작부터 종료까지 전반적인 연구수행 절차를 알려주지만, 우리들이 연구를 진행할 때 마주하는 세부적인 문제들에 해답을 주기에는 너무 방대한 주제를 다룬다. 계량분석 서적들은 현대 사회과학에서 보편타당성을 확보하기 위한 가장 합리적인 방법인 실증분석 방법을 알려주지만, 읽는 이들이 "이 많은 도구들 중 **지금** 나에게 필요한 도구는 무엇인가?"란 질문의 답을 숨겨놓고 있다(사실 **이주 잘** 밝혀 놓았지만, 처음 접하는 독자가 이를 간파하고 장과 장을 넘어가기는 쉽지 않다).

좋은 논문을 쓰기위해서는 차별화된 데이터, 자료 성격에 부합하는 분석방법, 다른 연구가 다루지 않은 연구주제가 필요하다. 차별화된 데이터와 연구주제를 탐색하는 방법은 연구방법론을 다룬 책에서 다양하게 제시되고 있지만 차별화된 분석방법은 이야기가 달라진다. 계량분석 서적들은 차별화된 분석방법을 제시하기 보다는 기존 계량분석에서 제시된 모형이 도입된 이유와 이를 도출하는 모든 과정을 설명하기에, 분석이 시급한 신입 연구자들은 제시된 개념들의 우선순위를 간파하기 어려울 뿐만 아니라 분석모형을 실제 활용하기까지 상당한 시간이 소요된다.

그러면 좋은 논문을 쓰고 싶어 계량분석 방법을 공부할 때 어떤 학습방식이 효과적일까? 필자는 처음에 이야기한 록음악 기타연주의 코드카피 방식을 추천한다. 록음악의 코드카피로 기타를 연습하다보면 좋은 연주자가 구사하는 연주기법들을 자연스럽게 익힐 수 있을 뿐만 아니라 연습이 축적되면 본인 스스로의 연주 스타일을 만들 수도 있고 즉흥 연주도 가능하다. 기존에 있는 논문 계량분석의 코드카피도 처음에는 논문 자체를 이해하는 것도 힘들 수 있으나 좋은 논문에서 활용한 통계분석을 꾸준히 따라하다 보면 좋은 논문을 작성하는 아이디어를 얻을 수 있을 뿐만 아니라 자신에게 적절한 분석방법을 적시에 찾을 수도, 더 나아가서는 자신만의 분석방법을 개발할 수 있다. 대표적으로 시뮬레이션 분석은 특정 논문에 특화된 분석방법으로 연구자가 설정한 특정 가정과 조건 하에서 발생 가능한 결과를 예측하는 연구에 활용된다.

지금 책을 읽고 있는 독자들은 필자도 논문 코드카피로 논문 쓰는 방식을 익혔냐고 묻고 싶을지도 모르겠다. 불행히 필자도 다른 연구자들과 동일하게 전통적인 학습방법으로 수년에 걸쳐 실증분석 방식을 익혔다. 오랜 공부 후에 선행연구에서 사용된 방법론들이 눈에 들어오기 시작했고 선행연구에서 갖고 있는 추정과정의 문제점을 보완하는 논문을 작성하기도 하였다. 학위과정 당시 같이 공부하던 박사과정 중에 있는 학생이 특정 논문에 기재된 지수 도출 방식을 몰라 저자에게 메일을 보냈으나 답장이 없어 난감했다는 이야기를 들었다. 논문에는 명시적이지 않더라도 해당 논문에서만 사용된 주요 지표 및 지수 도출 과정은 필히 언급되어있다. 그렇지 않다면 게재를 위한 동료심사에서 절대 해당 논문은 통과될 수 없을 것이다. 본 서적은 교신저자에게 직접 연락하여 "어떻게 그렇게 하실 수 있으셨죠?" 라고 묻지 않더라도 논문에 설명된 계량분석 방법을 이해하고 분석 코드를 직접 작성하는 방법을 알려주고자 한다.

본 책에서 활용한 통계패키지는 Stata로서 필자가 판단하기에 활용 영역이 상당한 패키지이다. 독자들은 이미 계량분석에 관심이 있어 이 책을 펼친 사람들이니 SPSS, SAS, R 등의 통계패키지에 대하여 들어봤을 것이다. SPSS는 point-and-click 방식(이미 제작된 명령어를 다이얼로그박스나 메뉴에서 클릭하여 명령어를 수행하는 방식)의 명령어 입력체계를 지원하는 프로그램으로 확장성이 낮은 반면, SAS는 명령어를 직접 입력하는 방식을 취하고 사용자가 필요한 명령어를 프로그래밍할 수 있어 확정성 면에서는 탁월하지만 패키지 자체를 공부해야 하는 시간도 만만치 않다. 반면 Stata는 이 두 패키지의 장점을 모두 갖고 있는 패키지로서 사용자가 정의한 명령어를 제작할 수 있을 뿐만 아니라 패키지 내에 포함된 명령어를 point-and-click으로 실행할 수 있도록 해준다. 더불어 Stata는 Stata포럼*에서 다양한 의견과 do-file(명령어 파일)**을 제공하기에 사용자 스스로가 필요한 명령어를 제작할 수 있을 뿐만 아니라 다른 사용자가 편의를 위하여 이미 제작한 명령어나 do-file을 활용할 수도 있다. 물론 R과 달리 무료 공개된 패키지가 아니기에 지갑이 가벼운 학생에게는 구매가 용이하지 않을 수 있으나, 어찌 장수가 남의 칼을 빌려 전장에 나갈 수 있겠는가. 진지하게 계량분석을 공부하고 활용하고자 하는 독자라면 자신만의 무기를 허리에 동여매기를 추천한다.

계량 이론 몰라도 괜찮아, 일단 분석부터 하자

아니다. 계량경제(Econometrics) 이론은 실증분석을 활용한 연구를 진행하고자 하는 연구자라면 반드시 숙지하여야 한다. “난 경제학자가 아니고 경영, 심리학 공부하는 학생인데? 나한테 왜 계량**경제**가 필요하지?”라고 생각할 수도 있다. 하지만 계량경제학은 경제를 나타내는 econo와 측정을 나타내는 metrics의 합성어로 경제이론, 수학, 통계학을 접목시켜 실증분석을 위해 이론적 토대를 만들어 놓은 학문이다. 계량경제 서적 중에는 이론 중심으로 모형의 도출 과정을 설명하는 책(대부분 수학적으로 모형의 타당성을 증명하는 방식을 택한다), 통계패키지를 활용하여 각종 모형을 직접 활용하는 방법을 설명하는 책, 위 두 가지를 적절히 혼합하여 **양쪽 독자를 모두 유인**

* http://www.statalist.org/forums

** 명령어 인터프리터에서 실행될 수 있도록 작성된 일련의 명령들의 조합

하고자 하는 책까지 다양하다. 당장 연구를 시작해서 논문을 손에 쥐어야 하는 독자라면 이론 중심의 책들은 제쳐두고, 통계패키지를 활용한 서적부터 먼저 펼쳐 드는 것이 마음 편할 수 있다. 하지만 통계패키지를 활용하는 일련의 과정들을 설명한 책만 참조한 연구자들은 자신이 갖고 있는 데이터의 성향을 파악하여 본인에게 필요한 적정 모형을 선택할 수 있는 능력을 갖추기 힘들다. 즉, 왜 내가 지금 OLS를 사용해야 하는지 WLS를 사용해야 하는지, 충격반응함수를 사용해야 하고, 이를 위해서 무엇을 검증해야 하는지 헷갈릴 수가 있다.

물론 다수의 서적에서 본격적으로 분석 모형을 설명하기 전에 데이터의 성격을 파악하기 위하여 평균, 분산 등의 기초통계량을 점검하는 방법을 제시한다. 이러한 기초통계량을 도출하고 해석하는 방법은 논문을 쓸 때 최종 결과 단계에서 활용되는 자료가 아니므로 이제 막 입문한 연구자들은 해당 부분을 등한시 하는 경향이 다분하다. 그러나 기초통계량을 도출하는 과정은 연구자가 사용할 모형을 결정짓고 다른 사람들에게 분석 타당성을 이해시키는 중요한 과정이기에 결코 등한시해서는 안 된다. 더불어 이론을 진지하게 다루는 책들은 독자의 눈에는 지루한 내용을 다수 나열한다. 물론 나중에 실력이 향상된 다음에야 그 모든 지루한 설명이 계량경제를 이해하는데 중요한 과정임을 깨닫지만 말이다. 그러면 그 두꺼운 책에 있는 모든 내용을 숙지하고 분석에 들어가야 할까? 그 문제를 해결해 주기 위해서 필자는 이 책을 쓰고 있다. 필자는 본격적으로 논문의 코드카피에 들어가기 전 이해하기 쉬운 방법으로 계량경제이론의 기초를 설명하고자 한다. "바쁘시면 이 장은 넘어가도 좋습니다"라는 이야기를 결코 하지 않겠다. 계량경제 이론에서 중요하게 다루는 과정을 이해하기 쉽게 설명하고자 다년간의 교육 경험에서 우러나온 피나는 노력이니 본 장을 필히 완전히 이해하고 본격적 분석을 진행해 보도록 하자.

자료성격 이해하기 : 친구의 성격을 이해해서 좋은 친구 되어 주기

기본적으로 계량경제학에서 분석하는 자료는 횡단면(Cross-sectional), 시계열(Time Series), 패널(Panel) 구조로 구분된다. 횡단면자료는 시간특성이 반영되지 않은 자료로서 복수의 관측대상을 동일시간이나 시간 변동을 고려하지 않은 상태로 측정한 자료로 구성되어 있다(Multiple targets at single time period). 시계열자료는 시간 특성만을 반영한 자료로서 단일 관측대상을 시간에 따라 축적한 자료이며(Single target at multiple time period), 패널자료는 횡단면자료와 시계열자료의 특성을 통합한 자료로서 다수의 관측대상을 다수의 시점에서 구축된 자료이다 (Multiple targets at multiple time period). Stata 매뉴얼에서는 각각의 자료구조에 따라 제공하는 명령어가 상이한데 횡단면자료는 명령어 설명에서 접두어를 생략하고 시계열자료에는 [TS]를 접두어로, 패널자료 분석을 위한 명령어는 [XT]로 접두어가 붙어 있어 어떤 자료 구조를 위한 명령어인지 알려주고 있다.

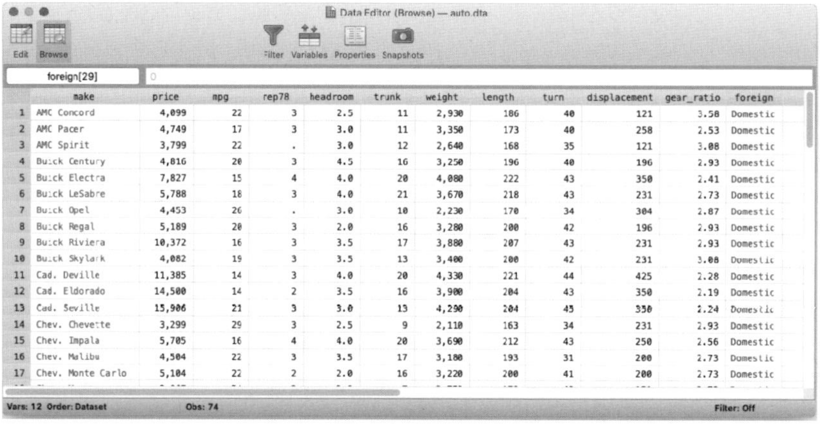

횡단면자료

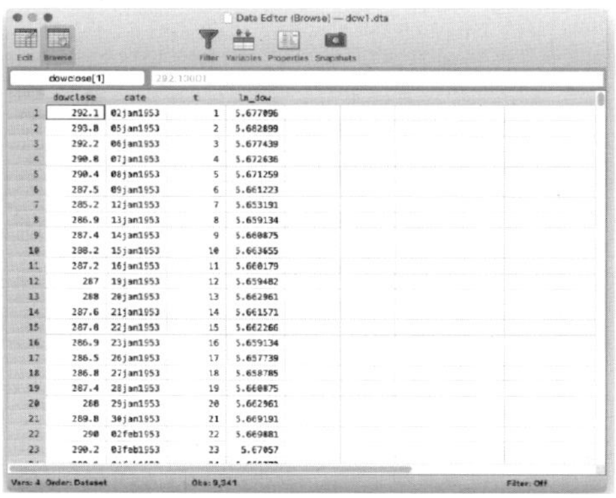

시계열자료

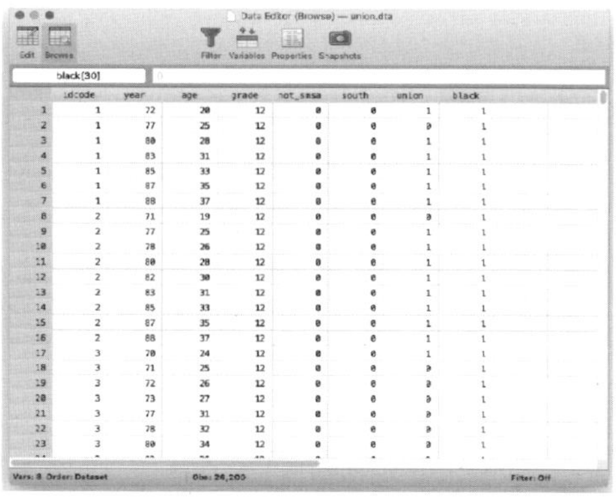

패널자료

STATA 코드

```
횡단면자료 사용   sysuse auto
시계열자료 사용   use http://www.stata-press.com/data/r14/dow1.dta
패널자료 사용     use http://www.stata-press.com/data/r14/union.dta
```

주) 명령어의 실제 활용은 추후 상세 기술함

횡단면자료에서는 관측치와 관측대상은 일치되어 행으로 표시되고, 각 관측대상을 측정한 변수들이 열에 표시된다. 위의 그림에서 횡단면자료는 각 자동차 브랜드별로 자동차의 가격, 연비, 수리경력 등이 등록되어있다. 즉, 가로는 각각의 자동차를 의미하고 세로는 그 자동차의 특성들이 기록되어 있다. 반면 시계열자료에서는 횡단면에서 나타난 개별 관측치가 날짜와 일치하며, 일자별로 다우존스 폐장지수들이 들어있다. 여기서 알 수 있듯이 시계열 자료는 다우존스라는 하나의 관측대상에 대해 시간 변화에 따른 특정 값이 저장된다. 시계열의 다른 예로 이 책을 읽고 있는 독자 한 명의 키를 매년 기록하여 보관하고 있다면 이는 시계열 자료에 해당한다. 패널자료는 시계열과 횡단면 자료를 통합한 형식으로 각 개인(idcode)의 연도(year) 별 노조가입여부(union)와 인종(black) 등을 기록하고 있다. 패널을 분석한 다른 서적에서 설명할 기회가 있겠지만 인종은 시간이 지나도 변하지 않는 자료이기에 패널분석에서 특별하게 다룰 필요가 있다.

그렇다면 한 가지 고민하고 다음으로 진행해 보자. 세계가치조사(World Value Survey, WVS)와 같이 국제적으로 조사되는 설문조사는 수년에 걸쳐 조사된다. 6차 세계가치조사는 2010년부터 2014년까지 4년 동안 전 세계 국가의 시민들 대상으로 조사를 수행하였는데, 그렇다면 6차 세계가치조사 데이터는 어떤 자료구조에 속할까? 시간 차이가 존재하는 자료는 시계열자료이거나 패널자료에 속한다고 하더라도 6차 세계가치조사의 시간차이는 자료구조로서의 시차에 해당하지 않는다. 비록 4년 동안 조사되었더라도, 위에 독자의 키 예에서 설명한 바와 같이 한 사람의 특성을 4년 동안 매달 혹은 매월 측정하고 보관한 자료가 아니기에 횡단면자료에 해당한다. 즉, 6차 세계가치조사 자체는 6차에 해당하는 하나의 단일 시간 간격 내에서 조사한 자료이므로 횡단면자료다. 여기서 알 수 있는 바는 자료구조로서의 시간 차이는 동일 관측대상이 시간변화에 따라 자료로 수집되었는지 여부이고, 따라서 시점도 하나의 변수로 취급된다는 사실이다. 예를 들어 정부가 매년 소비자를 대상으로 특정 상품의 구매의욕을 조사한다고 할 때, 올해 조사된 설문대상자와 작년에 조사된 설문대상자가 동일하여야만 한다. 그래야 시간에 따른 개별 설문대상자들의 구매의

욕의 변화를 추적할 수 있고, 이들에 미치는 요인들을 분석할 수 있기 때문이다. 이는 횡단면 분석이 갖지 못하는 강력한 힘인데 아쉽게도 패널분석의 강력함은 본 책의 설명 범위를 벗어난다. 하지만 누가 알겠는가. 조만간 패널분석 코드카피 제목의 책이 여러분 손에 놓여 지는 날이 올지.

회귀분석(Regression Analysis), 용어 자체도 어렵다.

계량경제 분석을 한 번이라도 접해본 사람이라면 회귀분석이라는 용어를 들어봤으리라. 무슨 서울에 있는 지하철 역이름 같기도 한 것이 용어자체도 **희귀**하다. 회귀를 의미하는 영어인 Regression도 이해를 돕기는커녕 혼란을 가중시킨다. 물론 필자도 논문을 작성하면서 「회귀분석결과」를 「회기분석결과」와 같이 오기한 적이 간혹 있었다.

회귀라는 용어를 처음 사용한 사람은 진화론을 발전시킨 찰스 다윈(Charles Darwin)과 같은 할아버지 밑에서 태어난 프란스시 갈턴(Sir Francis Galton)* 이다. 찰스 다윈과 사촌이라는 점에서 유추할 수 있듯이 회귀는 유전적 성향이 발현되는 현상과 관련이 깊다. 갈턴은 조상들의 비정상적인 키가 세대를 지날수록 평균으로 수렴하는 현상을 발견하고 이를 "회귀"라 명명하였다**. 즉, 특정 세대에서 나타난 비정상적으로 큰 키, 혹은 비정상적으로 작은 키는 세대를 거듭할수록 일반인들의 평균 키에 수렴한다는 현상을 발견한 것이다.

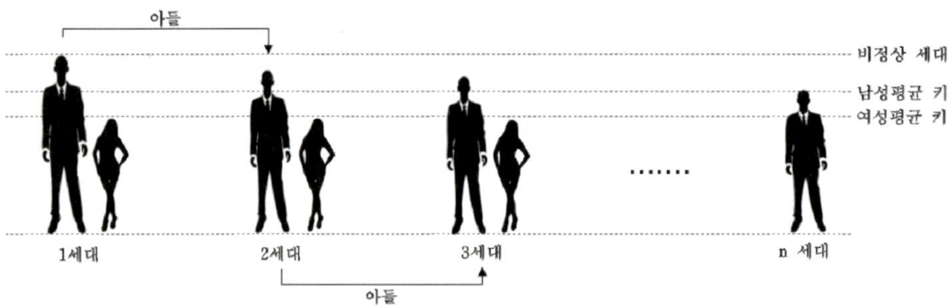

* http://galton.org

** Galton, F. (1989). Kinship and correlation. Statistical Science, 4(2), 81-86.

그림에서 보듯이 비정상적으로 큰 키를 갖은 남성이 태어났고, 아버지쪽 가계도만 확인한다고 가정하자. 초기 몇 세대까지는 유전적 성향으로 인하여 키가 큰 아들이 태어날 수 있지만 1세대와 유전적 거리가 상당한 세대가 되었을 때에는 평균적인 남성의 키로 수렴하는데 이러한 현상을 **회귀**, 영어로는 regress라 지칭한다. 즉, 비정상적 성향이 발생하더라도 다수의 관측치나 시간 변화가 주어진다면 **평균적 성향**이 관측된다는 것이 기본 아이디어이다.

아직까지는 본격적으로 계량분석을 실시하지 않겠지만 조금만 회귀분석 맛을 보면 다음과 같다. 다음 결과는 Stata에서 기본적으로 제공하는 시스템 예시 자료인 auto.dta를 사용하여 자동차의 무게와 가격의 관계를 분석한 그래프이다. 점들은 관측치라고 불리는 자동차의 가격과 무게가 포함된 개별 정보이고, 선은 자동차 가격과 무게의 **평균적 관계**를 표현한 그림이다. 학창 시절 배운 수학 실력으로 우리는 우상향 그래프는 기울기가 양(+)이고, 기울기가 양(+)인 그래프는 x의 상승분이 y의 상승분과 긍정적 관계에 있다는 것을 알고 있다.

이 그림을 바탕으로 우리는 (1)자동차 무게가 더 나갈수록 자동차의 가격은 상승한다는 것을 확인할 수 있거나 혹은 (2)가격이 상승할수록 자동차 무게는 더 나간다고 설명할 수 있다. "자동차 무게가 더 나갈수록 자동차의 가격은 상승할 것" 혹은 "자동차 가격이 상승할수록 자동차 무게는 더 나간다" 는 연구가설이라고 불린다. 어떠한 연구자가 자동차 무게와 자동차 가격은 양(+)의 관계에 있음을 증명하기 위해서는 일단 가가호호 방문하여 보유한 자동차의 무게와 구입가격을 조사하거나, 자동차 제조사를 방문하여 판매하는 자동차의 무게와 판매가격을 조사하면 된다. 그리고 설정한 연구가설이 사실인지를 통계적으로 확인하면 한 편의 근사한 논문이 된다. 본 과정이 회귀분석 과정과 해석의 전부이다. 다 알았으니 이제 책을 접어야지 하는 독자들에게 안타깝게도 문제는 이제부터 발생한다는 사실을 알려주면 좌절이 밀물같이 몰려올 것이다. 자세한 내용은 잠시 후에 다루도록하고 두 가지 사항만 이해하고 넘어가자.

STATA 코드

```
sysuse auto
twoway (scatter price weight) (lfit price weight)
```

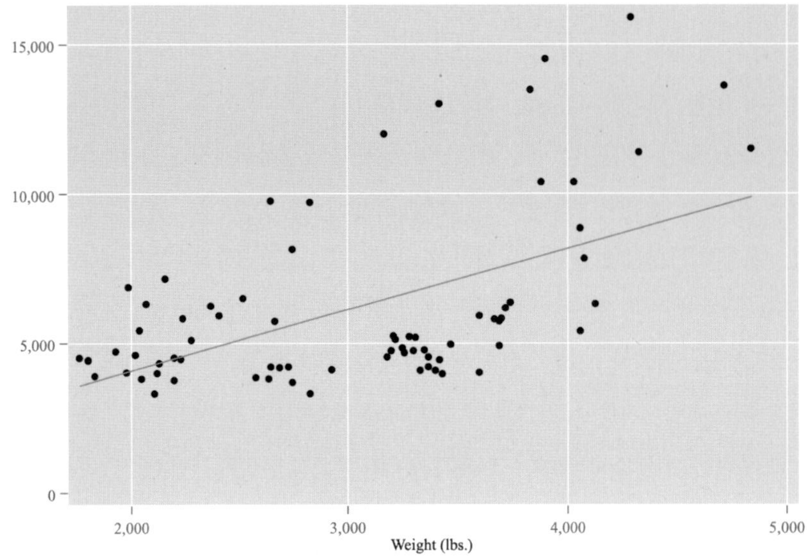

우선 앞에서 설명한 **평균적 성향(관계)**의 중요성이다. 물론 이 ***평균적 성향*** 때문에 발생하는 문제점도 있지만 일단 이 문제점은 접어두고 평균적 성향에만 집중하자. 평균적 성향이라고 설명한데는 개별 관측치(위에서 관측치를 설명했으니 관측치가 무엇인지 되짚어 보는 독자는 없으리라 믿어 의심치 않는다)의 성향에는 깊이 관심을 두지 않는다는 사실이다. 더불어 회귀분석은 두 변수(가격과 자동차무게)의 관계만 보여주지, 인과관계를 설명하지는 않는다. 대표적인 사례가 경찰관의 수와 범죄율 간의 관계이다. 범죄율이 높은 지역은 아무래도 경찰관 수가 많을 것이다. 이를 경찰관이 많아서 범죄율이 높아진다고 해석해서 경찰관을 우범지역에 많이 배치하는 것은 적절하지 않다고 결론을 내린다면 오류를 범하게 된다.

위의 간단한 우리의 가설 설정에서 두 개의 가설을 동시에 제시한 이유도 마찬가지다. 즉, 자동차 가격 **때문에** 차가 무거워 지는지, 차가 무거워지기 **때문에** 가격이 증가하는지는 일반적으로 회귀분석에서 판정하기는 어렵다. 일반적으로 인과관계는 명시적으로 알 수 있는 경우가 있지만, 그렇지 않은 경우도 비일비재하다. 위의 경우 자동차가 비싸기 때문에 차를 무겁게 만들 이유는 없지만 자동차에 중요한 부품을 많이 사용하고 강력한 엔진을 사용하는 등의 이유로 자동차가 무거워지고 그래서 자동차 가격이 올라갈 이유가 다분하다. 이 경우 비교적 쉽게 둘의 관계를 유추할 수 있지만 대부분의 연구주제들은 선후 관계가 모호하거나 어떤 하나를 다른 하나의 원인으로 규정하기가 어렵다. 따라서 명심할 점은 회귀분석은 분석하고자 하는 현상과 유관관계에 있는 현상과의 관계를 보여주는 것이지 인과관계를 규명한 것은 아니라는 것이다. 시계열자료는 선후 관계가 명확하지 않은 대표적인 자료구조에 해당한다. 그래서 특별히 시계열에서는 인과관계의 타당성을 검증할 수 있는 방법을 제공하기도 한다. 본 주제도 이 책의 범위를 아쉽게도 벗어난다. 그러나 누가 알겠는가(다음 말은 이제 추론할 수 있지 않을까?).

최소자승기법? 너무 쉬우니 어려운 모형으로 논문 써야지!

아니다. 최소자승기법은 가장 완벽한 모형이다. 일정의 가정이 충족된다면 오차를 줄일 수 있는 가장 완벽한 계량경제 모형이 최소자승기법이다. 그럼 우선 최소자승기법(Ordinary Least Squares, OLS)에 대해 알아보자. 우연치 않게, 혹은 시간이 없어서 어느 연구자가 자동차 네 대의 가격과 무게 정보를 입수했다고 하자. 점(•)은 조사된 각각의 관측치를 의미한다(이쯤 되면 관측치가 무엇인지 확실히 이해했으리라 본다). 이들 정보를 갖고 자동차의 무게와 가격의 관계를 파악할 수 있는 가장 합리적인 선택은 무엇일까?

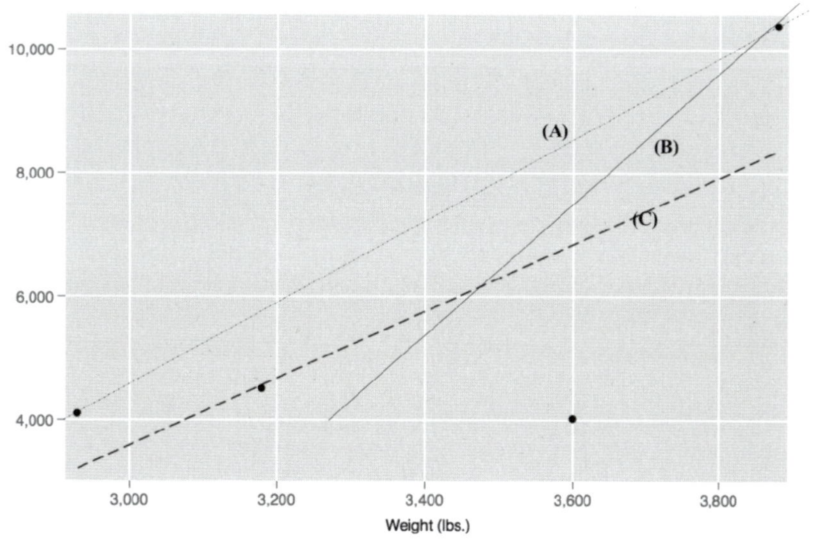

철수는 (A)와 같이 가장 왼쪽에 있는 관측치(4,000달러 즈음에 위치한 점)와 가장 오른쪽에 있는 관측치(10,000달러 즈음에 위치한 점)를 대표 관측치로 선정해서 관계(선)를 만들어 보자고 한다. 영희는 철수가 말한 두 관측치를 사용할 이유를 납득하지 못했다. 그래서 (B)와 같이 하단에 있는 관측치의 중앙값을 택해서 상단에 있는 관측치와 관계를 만들어 보자고 한다. 어떠한 결정이 내려질 때 그러한 결정이 내려지는 합당한 이유가 있어야 한다. 안타깝게도 철수와 영희는 모든 사람이 합의할 만한 이유를 제시하지 못했다(최소한 필자가 보기에는 그렇다). 필자가 철수와 영희의 의견에 동의하지 못하는 이유는 이들이 갖고 있는 모든 정보를 활용하지 않았다는 사실이다. 우리는 지금 4개의 관측결과를 갖고 있는데 철수는 그 중 두 개만을 활용하고, 영희는 3개만을 활용한다. 정보의 효율성 면에서 바람직하지 않은 결정이다.

그런데 어디선가 갑돌이가 툭! 하고 튀어나와 이상한 제안을 한다. "**선을 그리되 모든 관측치에서 선까지 벗어난 정도가 가장 작게 만드는 직선을 그어보자**" 라고 말한 것이다. 필자가 생각해도 갑돌이는 천재이다. 갑돌이의 말을 수학적으로 정리하자면 $u_1 + u_2 + u_3 + u_4$가 가장 작은 선을 찾자는 뜻이다. 아래 그림에서 그려진 선은 u1이 대략 2,000, u_2가 2,200, u_3가 5,000, u_4가 2,000쯤 되어 총합이 11,200쯤 된다. 그런데 위에서 철수가 제안한 (A) 선은 u_1과 u_4이 0이고, u_2가 1,800, u_3가 4,800 정도 되니 총합이 6,600 정도 된다. 아래 그림의 관계선보다 철수의 관계선 (A)이 갑돌이의 기준으로는 더 적합한 선이 된다.

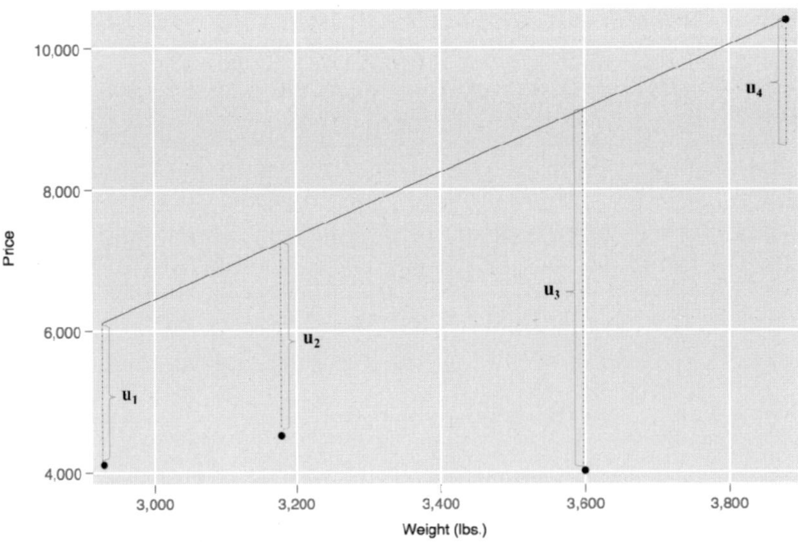

그림에서 각각의 u는 실제값에서 관계를 추정한 선과의 거리(차이)로서 계량경제에서 가장 중요한 개념인 오차(error) 혹은 잔차(residual)가 된다. 잔차는 최고로 좋은 추정을 수행한 후에도 여전히 남아있는 차이 정도로 이해해도 무리가 없다. 그림에서 그려진 선보다 더 위쪽에 선을 긋는다면 거리는 더 멀어지고 오차는 더 커지게 된다. 계량경제에서 오차가 중요한 이유는 우리가 수학적 관계를 모형화하는 완벽한 세계를 구현하지 않고, 실제 발현된 자료를 바탕으로 변수 간의 관계를 찾고자하는 현실적 세상에 있다는 사실이다. 즉, 수학적 관계식에서는 두 변수간의 관계가 $y=1.2+0.8x$로 표현된다면 x=3일 때 y=3.6으로 명확히, 계량 혹은 수학 용어로는 확정적(deterministically)으로 도출된다. 그러나 계량경제에서는 두 변수관의 관계를 $y=1.2+0.8x+e$로 표현하는데(u, e 등이 오차를 기록하는 방법으로 쓰인다), 오류(error)가 있을 수 있는 가능성을 수식에 포함하기 위해서다. 이때 계량경제에서는 1.2와 0.8로 표현되는 모수(parameter), 정확히는 추정모수를 찾고자 하는데 목적이 있다.

갑돌이의 의견과 같이 계량경제학은 오차항을 줄이는 방향으로 진행하는데, 위의 그림에서 4개의 관측치를 통하여 자동차의 무게와 가격의 관계를 파악하는 과정에서 오차를 줄일 수 있는 방법은 4개의 관측치 중간 "**어디쯤엔가**"를 지나는 선을 그리는 것이다. 그러나 이때 중요한 사실은 "**중간 어디쯤엔가**"에 관계선을 그린다면 관계선 위에 관측치가 존재하는 경우와 관계선 아래에 관측치가 존재하는 경우가 **언제나** 발생하여 또 다른 문제를 야기한다.

위의 그림에서는 모든 관측치가 관계선 아래 있어 오차가 모두 음(−)이 되는 경우라 또 다른 문제가 발생할 걱정은 없다*. 그러나 "**중간 어디쯤엔가**"에 관계선을 그린 아래 그림에서는 관측치별로 오차가 양(+)과 음(−)이 뒤섞여 있다는 사실에 주목하자.

* 관계선 아래가 음(−)이 되고 관계선 위의 관측치가 양(+)이 되는 것에 너무 연연하지 않아도 된다. 여러분들은 위가 음(−)이고 아래가 양(+)이라고 정의해도 무관하다. 그러나 계량경제학자들은 갑돌이와 같이 이론적 증거를 마련하기 위해서 관계선 아래가 음(−)이 되고 관계선 위의 관측치가 양(+)이 된다고 정의해 놓았을 뿐이다.

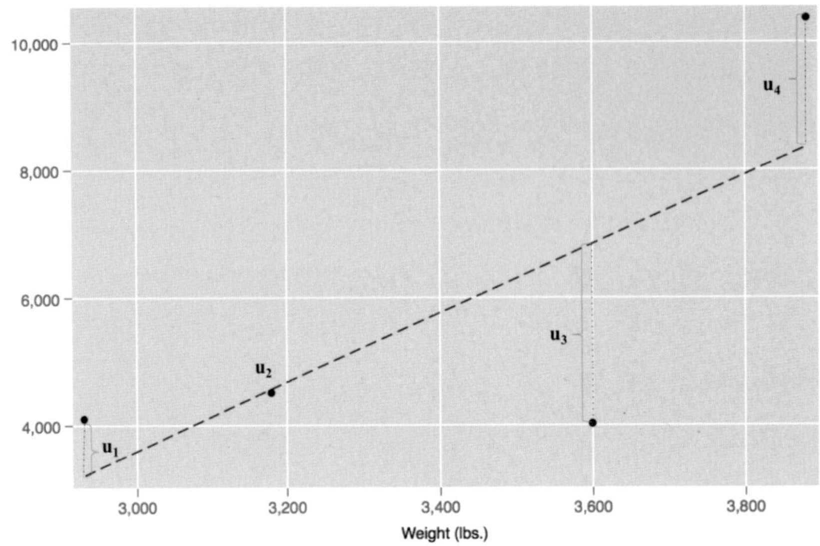

갑돌이의 의견을 반영한 위 관계선에서 오차 u_1는 대략 +700, u_2는 0, u_3가 −2,700, u_4가 +2,000 쯤 되어 보인다. 이를 모두 더하면 (+700) + (0) + (−2700) + (+2000)=0이 된다. 오차의 합이 0이 되버렸다. 이를 수학적으로 풀이하면 아래와 같이 된다. 공식이 나왔다고 어려워 마시길. 간단한 산수다. 개별 오차항들을 모두 합하였을 때 최소값이 되는 관계를 찾자는 갑돌이의 의견을 수식화한 것이다. 위에서 말한 문제가 여기서 시작된다. 오차에 대한 이야기가 여기까지면 두말할 나위 없이 좋겠지만, 조금 더 심오한 이야기를 해야 한다. **계량경제학이 오차에 대한 학문이다보니*** 여기서 끝나기에는 계량경제학자들이 할 수 있는 일이 너무 없지 않은가.

$$Min \sum_{i=1}^{n} u_i$$

두 변수가 존재하는 분석은 약간 어려우니 하나의 변수만 있는 상황에서 오차와 평균적 성향에 대하여 알아보도록 하자. 변수 x_1와 x_2는 전체합과 평균의 측면에서 동일한 변수다. 즉, 두 변수는 모두 전체합도 20이고 평균도 5이다. 그러나 두 변수가 정말 차이가 없는지 잘 살펴보자. 변수 x_1은 변수의 구간이 1~9이고 변수 x_2는 구간이 3~7이 된다. 그렇다. 변수를 구분할 때 우리는 **평균뿐만 아니라 얼마나 구간이 벌어져 있는지 비교**할 수 있다.

* 계량경제학을 이해하는 주제어가 된다. 암기할 필요하다.

변수명 \ 관측번호	1	2	3	4	총합 $\sum_{1}^{4} x_i$	평균 $\left\{\sum_{1}^{4} x_i\right\}/n$
x_1	1	4	9	6	20	5
x_2	6	4	7	3	20	5

이를 계량경제학에서는 흩뜨려진(dispersion) 정도를 나타내는 분산(variance)이라고 이야기 한다. 흩뜨려진 정도를 파악하기 위한 기준은 평균으로 정한다. 즉, 평균에서 흩뜨려진 정도가 분산이 되는 것이다. 평균에서 흩뜨려진 정도이니 거리(distance)의 개념을 적용하여, 이를 계산 할 수 있다. 한국과 미국의 도시를 예로 들어보자. 보통 지리학에서는 한 나라의 위도와 경도를 수도를 기준으로 제공한다. 그러나 어떤 연구자가 미국과 한국의 위도가 도시별 평균적으로도 동일한지 판단하고 싶어 한다고 가정하자. 대도시 위도의 평균을 구해보니 한국과 미국의 위도가 36.13과 36.98로 유사하게 나온다. 물론 두 위도가 통계적으로 유의하게 다르지 않은지도 판단해야 하는데* 이는 뒤에서 설명하기로 한다.

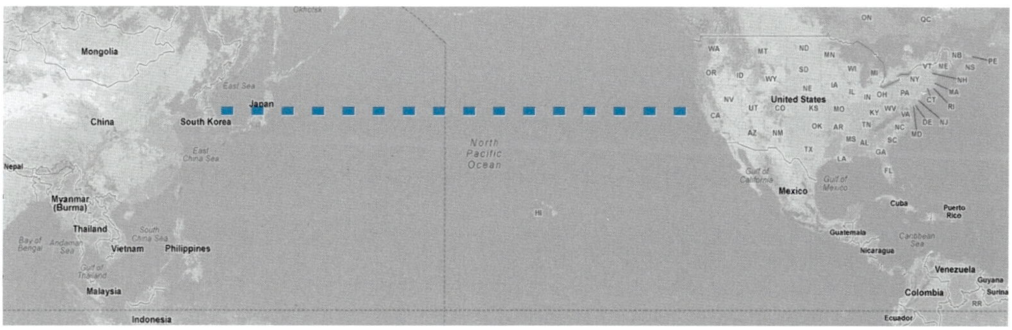

한국과 미국의 위도가 평균적으로 같은가?

분산은 평균에서 흩뜨려진 정도라고 했으니 분산을 한번 구해보자(다음 표의 "분산"참조). 개별도시의 위도에서 평균위도를 차감한 값으로 개별도시가 평균에서 떨어진 정도를 구했다. 그러나 우리는 한국과 미국의 개별도시의 분산을 보고 싶은 것이 아니고, 한국 전체의 분산과 미국 전체의

* 필자가 "통계적으로 같다"라고 하지 않고 "통계적으로 다르지 않은지"라고 설명한 이유가 있다. 계량경제학에서는 "통계적으로 다르다"라는 표현은 정확하지 않다. 이러한 이유를 뒤에서 밝히겠지만 통계는 가설을 기각하는 유의성을 찾는 과정이다.

분산을 확인하고 싶으니 개별 도시가 평균 위도에서 떨어진 정도를 모두 합해 보기로 하자. 아래 표에서 (A)와 (B)로 표시된 떨어진 정도의 합을 보니 모두 0 이 된다. 평균에서 흐트러진 정도가 모두 0이라고? 그렇다면 평균에서 흐트러지지 않았다는 뜻이 되나?

한 국			미 국		
도 시 명	위 도	분산(위도-평균)	도 시 명	위 도	분산(위도-평균)
서 울	37.54	1.41	워싱턴 D.C	38.95	1.97
인 천	37.46	1.33	뉴 욕	40.77	3.79
광 주	35.12	−1.01	로스엔젤러스	33.93	−3.05
대 구	35.79	−0.34	시 카 고	41.90	4.92
울 산	35.51	−0.62	휴 스 톤	29.97	−7.01
대 전	36.32	0.19	필라델피아	39.88	2.90
부 산	35.19	−0.94	피 닉 스	33.43	−3.55
평 균	36.13	0.00(A)	평 균	36.98	0.00(B)

그렇지 않다. 위의 표를 잘 보면 알겠지만 개별 도시가 평균에서 흩뜨려진 정도는 양(+)의 값과 음(−)의 값을 갖고 있다. 위에서 "**중간 어디쯤엔가**"에 관계선을 그리자면서 그렇게 하면 양(+)과 음(−)이 뒤섞여 있다고 강조한 중요한 이유이다. 우리가 도출한 분산은 이미 평균에서 흩뜨려진 정도, 즉 상대적 위치를 나타내기에 상대적 위치의 총합은 항상 0이 된다. 이를 한 학급 학생의 키를 대상으로 이해해보자. 한 반의 모든 학생의 키를 조사해서 평균을 구하였다. 그를 바탕으로 철수는 평균보다 1cm 크고, 영희는 평균보다 −3cm 작고, 갑돌이는 평균보다 2cm가 크기 때문에 평균에서 떨어진 상대적 값을 더하면 0이 된다.

분산을 "평균에서 흩뜨려진 정도"로서 정의하면 개별 도시의 흩뜨려진 정도의 합은 "항상"* 0이 되므로 두 국가 위도의 분산을 비교할 수 없다는 결론에 도달하게 된다. 물론 이에 대한 해결책이 있다. 다음의 해결책을 읽기 전에 한 번 생각해 보자. 흩뜨려진 정도에 양(+)과 음(−)의 수가 항상 존재해서 위에서 산출한 분산의 방식은 언제나 0에 도달하게 되는데 이를 해결할 수

* 필자는 "항상"이라고 말했다. 이는 수학적으로 증명된 사실이기 때문이다. 정 필자가 신뢰되지 않는다면 평균을 구할 일이 있을 때마다 위의 방법으로 분산을 산출해 보기 바란다. 100번을 하건, 1000번을 계산하건, 10의 1억 제곱의 1억 제곱을 수행하더라도 언제나 0을 얻을 것이다.

있는 방법은 무엇일까? 생각해 보았는가? 첫째, 가장 간단하게 활용할 수 있는 방법은 절대값을 활용하는 방법이다. 위의 방식으로 도출된 개별 관측치의 분산에 절대값을 취하여 이를 합산하면 전체 분산의 합이 0으로 귀결되는 현상을 방지할 수 있다. 둘째 가능한 방식은 도출된 개별 분산을 제곱하는 방식이다. 이 또한 전체 분산의 합이 0으로 나타나는 현상을 방지할 수 있다. 절대값을 취하는 방식이나 제곱을 하는 방식 모두 음(−)으로 나타난 개별 관측치의 흩뜨려진 정도를 양(+)으로 변환해 주는 과정이라는 것을 알 수 있다.

그러나 계량경제에서는 위 두 방법 중 제곱을 취하는 방식을 채택하였다. 엄밀히는 두 방법 모두 이론적으로 최적 설명 가능한 관계선을 추정하는 과정을 증명할 수 있다. 자세하게 이야기하면 복잡하지만 일단은 절대값을 취하는 방식은 향후 계량경제모형을 유도하는 과정에서 더욱 복잡해진다고만 생각하자. 일반적인 계량경제 서적들을 펼쳐보면 제곱을 취함으로서 최소자승기법의 모수 추정이 모집단의 모수를 따른다는 사실을 아주 쉽게(?) 증명하고 있다. 즉, 계량경제 서적들이 수식을 잔뜩 써가면서 알려주고자 하는 바는 선별된 자료(샘플)를 활용하여 최소자승기법으로 모수를 추정할 경우 모집단(우리가 관심 있는 전체 집단)의 관계와 다르지 않다는 **사실!**을 보여주는 일련의 과정이다.

변수명 / 관측번호	x_1	x_2	$x_1 - \bar{x}$	$x_2 - \bar{x}$	$(x_1 - \bar{x})^2$	$(x_2 - \bar{x})^2$
1	1	6	−4	+1	16	1
2	4	4	−1	−1	1	1
3	9	7	+4	+2	16	4
4	6	3	+1	−2	1	4
총 합	20	20	0	0	34(A)	10(B)
평 균	5	5	−	−	−	−

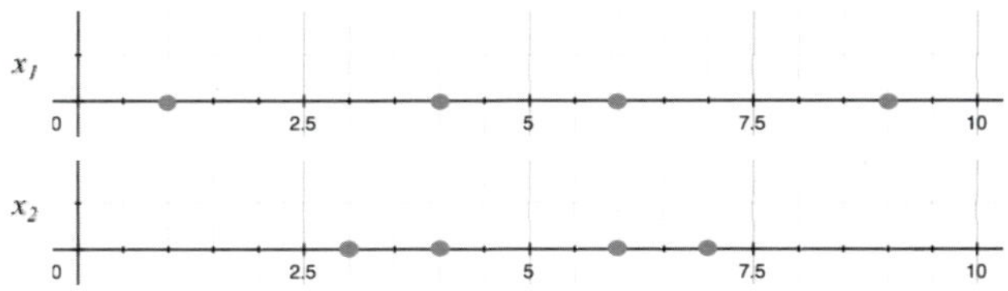

그럼 제곱을 활용한다는 개념으로 위의 예에서 계량경제학자들이 사용하는 분산을 도출해 보자. x_1의 분산은 (A)와 같이 34로 계산 되었고, x_2는 (B)와 같이 10으로 계산되었다. 즉 비록 두 변수는 평균은 같지만 x_2의 분산이 더 큰 변수가 된다. 이를 그림으로 표현하면 x_1와 x_2 중 어떤 변수가 분산이 더 큰 지를 직관적으로 이해할 수 있다.

최소자승기법(OLS)이 무엇인지 설명하기 위해 참 먼 길을 왔다. 최소자승기법(Ordinary Least Squares)은 그 용어에서 알 수 있듯이 위에서 설명한 오차를 최소화하는 방식으로 모수를 추정하는 방식이다. 이때 분산을 도출할 때와 같이 오차항의 제곱하여 이를 최소화하는 하는 방향으로 모수를 추정한다. 즉, 최소자승기법이 사용하는 오차항의 제곱은 평균적 회귀선에서는 단순 오차의 합은 항상 0으로 회귀하는 문제를 보완하기 위함이다.

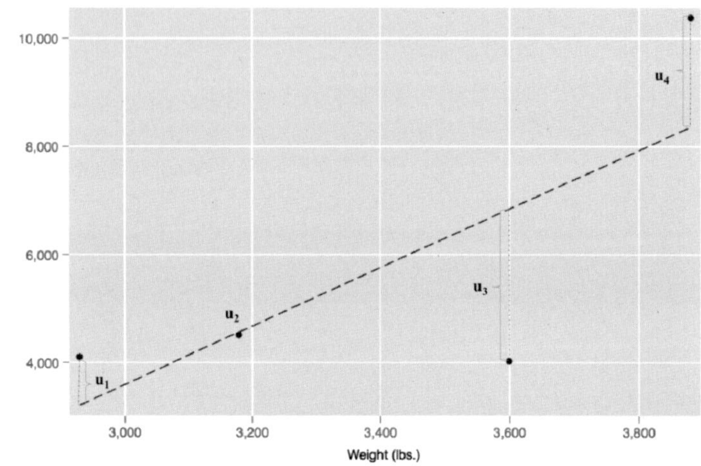

최소자승기법의 오차항 연산기준*

$$Min \sum_{i=1}^{n} u_i^2$$

* 함수에서 최소값을 찾는 방법은 1st order condition으로 변곡점을 찾고, 2nd order condition으로 최대값이나 최소값을 분별할 수 있다.

모수 검증 : 도출한 관계가 참일 수 있는 가능성을 설명하라

y=1.2+0.8x+e 식을 기억하고 있을 것이다. 이 식에서 절편과 기울기는 각각 1.2와 0.8로서 x와 y의 관계가 설정되었는데 계량경제의 궁극적인 목적은 우리가 밝혀야 할 모수(parameter) 1.2와 0.8의 추정이다. 하지만 계량경제는 확정적인 수학과 달리 **항상** 오차(e)를 포함하고 있다고 이미 설명하였다. 그렇기에 우리가 추정한 모수들이 실제 관계가 아닐 가능성이 언제나 존재한다. 이는 계량경제학이 오차항으로 인하여 확률적(stochastic) 분석을 수행한다는 방증이기도하다. 우리가 추정한 모수가 실제 관계가 아닐 수 있다는 표현이 무슨 말인지 다음 그림으로 이해해보자.

특등 사수 두 명이 있다고 하자. 그들은 과녁을 나란히 놓고 사격연습을 하고 있다. 과녁에 명중된 사격실력도 데이터여서 오차를 포함하고 있다. 오차의 원인은 특등 사수의 컨디션 때문일 수도 있으나, 그날의 바람세기, 흐린 날인지 맑은 날인지의 정도에 따라 달라지기도 한다. 특등사수1은 과녁1을 겨냥하여 사격을 하였고, 특등사수2는 과녁2를 겨냥하여 사격을 실시하였다. 사격 결과 두 특등사수의 실력이 그림과 같이 공개되었다. 성적을 처리하기 위해서 어떤 사수가 어떤 과녁을 맞혔는지 결정할 필요가 있다. 과녁1의 (A)총탄군은 1사수가 쐈다고 해도 크게 틀리지 않을 것이다. 이와 마찬가지로 (B)총탄군은 2사수가 쐈다고 해도 틀리지 않을 것이다. (A') 총탄군과 (B')총탄군은 약간 애매하기는 하지만 여전히 각각 1사수와 2사수가 쐈다고 판단할 수 있다. 그렇다면 (C)총탄군은 누가 쐈다고 판단해야 할까? 이 사실에 의문을 둔다면 (A')총탄군과 (B')총탄군도 1사수와 2사수가 쐈다고 확증할 수 있을까? 점점 상황을 심각하게 생각하면 (A)총탄군과 (B)총탄군도 각각 1사수와 2사수가 쏜 것이라고 확증할 수 있을까??

"과녁1에 맞은 총탄 자국이 사수1이 쐈다고 믿을만한가?" 란 질문에 답하는 과정이 "추정한 모수가 얼마나 믿을 만한가?"에 답하는 과정과 동일하다. (A)총탄군은 사수2가 쏜 총에서 발사되었을 가능성도 없지는 않지만 그럴 수 있는 가능성은 아주 희박하다. 마찬가지로 (A)총탄군은 사수1이 쐈을 가능성이 아주 크다. 이 가능성에 따라 계량경제학은 추정된 모수가 믿을 만한지를 결정한다. 이를 유의수준(significance level)이라 부르는데 보통 계량경제학에서는 유의수준을 1%, 5%, 10%에서 검증한다. 즉, (A)총탄군은 사수2가 쐈을 가능성을 1%수준, 5%수준, 10% 수준에서 검증하는 것이다. 여기서 잊지 말아야할 것은 **계량경제학은 (A)총탄군을 사수1이 쐈을 가능성을 타진하는 방식으로 검증하지 않는다**. 그 대신 **(A)총탄군을 사수2가 쏘지 않았을 가능성**

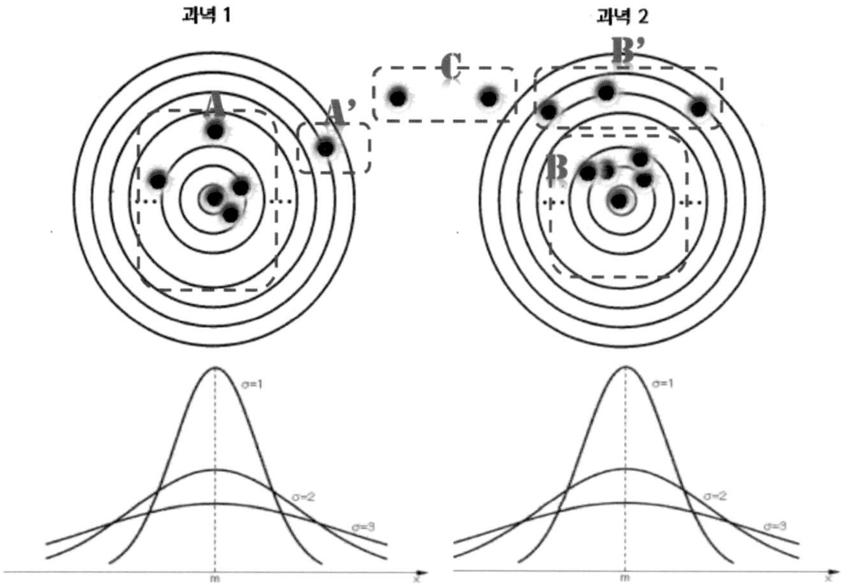

을 타진한다. 이는 어떤 사실을 그렇다고 판정하는 것보다 그렇지 않음을 반박하는 논리가 더욱 쉬워서다. 예를 들어 과녁1에 난 총탄자국 중에서 어떤 자국이 사수1이 쐈다고 판명하는 일보다 사수2가 쏘지 않았을 가능성을 판단하기가 더 쉽다는 뜻이다.

이는 가능성의 범위(확률 범위)가 갖는 특징에 기인한다. 어떠한 사건이 일어날 확률이 아주 작은데 그 사건이 일어났다면 정말 일어난 사건이라고 얼추 가정할 수 있다는 논리다. 예를 들어 (A')총탄군은 사수1이 쐈을 가능성이 높다. 하지만 확률 분포가 과녁 아래 있는 히스토그램처럼 퍼져있어 사수1 입장에서 확증하기 힘들다. 그러나 (A')를 사수2가 쐈을 가능성은 아주 낮다. 그렇기 때문에 (A')를 사수2가 쐈다는 사실은 1% 혹은 5% 유의수준 내에서 기각(reject)된다. 그 말은 동시에 (A')는 사수1로부터 왔다는 말과 유사하지만 계량경제에서는 "~이 95% 수준에서 수용(accept)되었다"라고 말하지 않는다. 즉, 계량경제학은 발생하지 않을 확률을 점검하여 연구자가 설정한 명제가 기각되는지를 점검하는 방식으로 가설을 증명한다.

여기서 연구자가 설정한 명제의 기본(base)이 귀무가설(Null Hypothesis)이 되고 이 사실이 반박되었을 때의 명제가 대립가설(Alternative Hypothesis)이다. 추후 살펴보겠지만 통계패키지를 구동시키면 패키지는 y=1.2+0.8x+e에서처럼 추정된 모수 1.2와 0.8을 제시한다. 즉, x의 기울기(효과)가 0.8로 추정된 것이다. 그리고 분산을 기반으로 계산한 기각될 확률도 제시한다. 대부분

모형의 귀무가설은 “~은 0이다”로 추정된 모수는 아무 효과가 없다, 즉 “**0.8은 0이다**”란 말이 된다. 0.8이 0이라니 0.8은 0.8아닌가? 0.8이 0이라는 말은 도대체 무슨 말인가? 이는 분산이 너무 커서 비록 0.8로 추정되었지만 이를 0.8이라고 확증할 수 있는 증거가 없다는 말과 같다. 말했듯이 우리는 수학의 세계에서 확정적 영향을 공부하지 않고 오차의 발생확률이 존재하는 계량경제학을 공부하고 있다는 사실을 명심해야 한다. 따라서 어떤 모수가 추정이 된다면 이것이 믿을 만한 것인가 아닌가를 검증하는 과정은 **꼭!** 거쳐야 한다.

다시 돌아가서 귀무가설은 만약 기각되지 않는다면 돌아가야 할 가설이기에 귀무가설이라고 이름이 붙여졌고, 대립가설은 귀무가설과 대립되는 가설이기에 대립가설이라고 명명되었다. 표기로는 귀무가설은 Hypothesis zero의 의미로 H0로 사용되거나 무(無)나 공(空)의 의미로서 H_null로 표시되고, 대립가설은 Ha로 표시된다. 패키지를 돌리면 y=a+bx+e에서 b를 0.8로 추정되기에 귀무가설은 “H0: b=0”이 된다. b=0이라는 뜻은 x의 기울기가 0이라는 말이며, 0이라는 말은 x가 y와 관계가 없다는 뜻이 된다. 여기서 대립가설은 “Ha: b≠0”이다. Stata에서는 추정 모수 옆에 기각확률이 주어진다. 즉, 발생할 확률이 아주 작음에도 불구하고 b가 0.8로 추정되어 귀무가설(b는 0이다)이 기각되어 0.8이라고 확증할 수 있다.따라서 추정된 모수를 확인하는 일도 중요하지만 해당 모수의 귀무가설이 기각될 확률도 확인하는 것이 중요하다.

추정모수 → Coef. / H0 기각확률 → P>|t|

price	Coef.	Std. Err.	t	P>|t|	[95% Conf.	Interval]
mpg	-52.21724	83.73955	-0.62	0.535	-219.4567	115.0222
rep78	820.8123	320.8986	2.56	0.013	179.9335	1461.691
weight	2.111488	.6190081	3.41	0.001	.875243	3.347732
_cons	-1939.871	3622.351	-0.54	0.594	-9174.206	5294.465

위의 회귀분석 결과에서 자동차 가격 결정요인으로서의 무게(weight)의 모수는 2.11로 추정되었다. 기각확률이 0.1%이므로 5%의 유의수준에서 귀무가설(weight는 0, 즉 wight의 영향력은 없다는 귀무가설)이 기각되어 2.11을 수용할 수 있다. 반면 자동차의 연비(mpg, miles per galon)는 −52.21로 추정되었지만 5% 유의수준에서도 귀무가설(자동차의 연비는 가격에 영향을 미치지 않는다)을 기각할 수 없다. 따라서 자동차연비의 모수가 −52.21로 추정되지만 통계적 유의성이 있다고 판단할 수 없다. 뒤에서 자세히 설명하겠지만 이러한 확률의 기저에는 std.err라고 표시된 숫자가 중요하게 작용한다. std.err는 표준오차(standard error)의 약자로 간단하게 위에서 공부한

분산, 즉 관측치가 흩뜨려진 정도라고 생각하면 된다. 잘 살펴보면 mpg의 경우 추정모수가 −52.21인데 퍼진 정도가 83.73이고, weight의 경우 모수가 2.11인데 퍼진 정도는 0.61이다. 즉 mpg는 추정모수에 비하여 퍼진 정도가 크고, wight는 추정모수에 비하여 퍼진 정도가 작다. 특등사수와 과녁의 예에서 본다면 과녁1에 발생한 총알 자국이 아주 크게 퍼져 있다면 이를 사수1이 쏜 총알자국이라고 확증할 수 없다는 사실과 같다(그렇게 총탄군이 퍼져 있다면 특등사수라고 부르기 미안하기는 하다). 계량경제학은 확률의 학문이라는 사실을 명심하자.

통제의 중요성 : Ceteris Paribus! 다중회귀분석의 강력함

지금까지는 종속변수(영향을 받는 변수)에 독립변수(영향을 주는 변수)가 각각 하나인 경우만 살펴보았다. 하나의 종속변수에 하나의 독립변수만 활용하는 분석방법(단일회귀분석)은 실제 분석에서 거의 활용되지 않고, 비교적 단순하게 개념을 이해할 수 있어 회귀분석의 개념과 도출 타당성을 증명하는 과정에서만 활용된다.

실제 분석에서는 하나의 종속변수에 다수의 독립변수가 사용되는데(다중회귀분석), 이렇게 독립변수를 확장하는 방식은 단순히 독립변수를 모형에 몇 개 더 넣어서 여러 개 요인이 하나의 변수에 미치는 영향을 분석하는 행위 이상의 의미가 있다. 이번에는 다중회귀분석이 갖는 의미심장함을 알아보자.

단일 및 다중회귀분석

단일회귀분석 $y_i = \beta_0 + \beta_1 x_i + e_i$

다중회귀분석 $y_i = \beta_0 + \beta_1 x_{1i} + \beta_2 x_{2i} + \beta_3 x_{3i} + e_i$

회귀분석을 위해 **사회과학**에서 사용되는 자료는 **실험실**에서 얻은 데이터와 차이가 있다. 가장 중요한 차이점은 연구자가 통제된 실험실에서 얻은 자료인가 혹은 이미 발현된 현상을 연구자가 수집했는지의 차이이다. 물론 설문조사는 연구자가 설문대상에게 일정의 질문을 주어서 자료를 수집하지만, 이 또한 설문지를 작성하는 사람이 이미 다른 사회적 환경에서 내재된 의식구조를 파악하는 과정이기에 실험처럼 **통제**된 환경에서 얻은 자료라고 할 수 없다. "실험실", "이미 발현된 현상을 연구자가 수집" 이라는 단어 혹은 구문에서 알 수 있듯이 두 자료의 중요한 차이는 **환경 통제**에 기인한다.

예를 들어 어느 실험실에서 시판되는 비료와는 비교도 안 될 정도의 영양물질을 개발하여 이를 테스트한다고 하자. 사용량이 식물의 발육상태에 미치는 영향을 분석하기 위해서 연구자는 특정 식물을 실험군과 대조군으로 나누어, 대조군에는 비료를 투여하지 않고, 몇 개의 다른 실험군에는 투여하는 시제품의 투여량을 달리하여 비료가 발육상태에 미치는 영향을 분석할 것이다. 이때 **오로지** 시제품의 투여량이 미치는 영향을 **정확히** 분석하기 위해 다른 조건들, 예를 들어 작물이 햇볕을 쐬는 시간이나, 물을 주는 투여량과 횟수 등을 실험군과 대조군에서 동일하게 설정하는 등 다른 상태들을 철저하게 통제한다.

하지만 사회과학에서는 이러한 조작 과정이 윤리적 이유나 데이터 수집의 한계 때문에 불가능하다. 만약 연구자가 고등학생의 학습시간이 성적에 미치는 영향을 알아보려한다고 하자. 이때 실험으로 **오로지 고등학생**의 학습시간 영향을 파악하기 위한 자료를 얻기 위해 특정 연도에 태어난 아이들 300명을 모아서 고등학교 입학 전까지 먹고 재우는 등 모든 환경을 동일하게 하고, 고등학교에 입학해서 20명은 10시간 공부시키고, 20명은 9시간 공부시키고 등등, 그리고 마지막으로 30명은 공부를 시키지 않아야 한다. 물론 부모의 유전적 영향이 있을 수 있어 어쩌면 동일한 부모 밑에서 수십 명의 아이를 낳게 해서 이들을 모아 연구를 해야 할지도 모른다. 아무리 이러한 작위적인 설정이 가능하고 이로 인하여 위대한 학문적 성과를 얻을 수 있다고 하더라도 연구자는 윤리적으로 큰 지탄을 받을 것이다. 또한 나이에 따른 학업 성취도가 다를 수 있기에 동일 부모에서 태어난 아이를 나이가 동일하게(한 부모 밑에서 20-30명의 아이가 동일 연도에 태어나게) 조정해야 하지만 그럴 수도 없는 노릇이다.

그렇다면 위 연구자는 고등학생의 학습시간이 성적에 미치는 영향을 알아보려는 위대하고도 혁신적인 연구를 할 수 없을까?? 사고를 더 확대해서 경제학, 경영학 등의 사회과학을 공부하는 사람은 실험을 할 수 없기에 연구 분석을 할 수 없을까? 이 질문에 해답을 준 방법이 다중회귀분석이다. 엄밀히 다중회귀분석의 중심에 있는 "Ceteris Paribus"라는 개념 때문이다. Ceteris Paribus는 라틴어로 "다른 것들은 동일할때(Other things equal)"의 의미를 갖는다.

다시 고등학생의 학습시간이 성적에 미치는 연구로 돌아가 보자. 다중회귀분석에서 아래 분석모형과 같이 통제변수로 IQ, 부모의 학벌, 나이, 성별을 투입하고 주요 분석 대상인 학업시간도 투입했다고 하자. 즉 방정식의 왼쪽에는 우리가 알고 싶은 **영향을 받는 변수**, 우리가 왼쪽에 넣은 **변수에 영향을 미칠 수 있을 것이라 예상하는 변수**를 넣고, 더불어 우리가 **알고 싶어 하는 혁신적 변수, 학습시간**을 투여하였다.

이를 통하여 얻어지는 학습시간과 성적과의 관계를 나타내는 모수 β_5는 **다른 변수(IQ, 부모의 학벌, 나이, 성별)가 통제된 상황에서 추정된 모수이다. 통제되었다는 의미**는 전체 데이터셋(dataset)에서 부모의 학벌이 동일하고(부모의 학벌을 통제하였으므로), IQ도 동일하고, 나이도 동일하고, 성별도 동일하였을 경우에 학업시간의 영향을 추정한 모수가 β_5로 추정된다. Stata를 구동시킬 때 우리는 알지 못하지만 내부에서 이들 변수들의 평균을 구하고 이를 해당 평균으로 **고정시켜** 학업시간의 순수한 영향력만을 도출하여 우리에게 보여준다. 물론 이는 이론적으로도 증명되어 있어서 다중회귀분석을 활용하면 "다른 요인들은 동일할 때"라는 설정이 가능하다. 다중회귀분석의 Ceteris Paribus은 우리는 사회과학 분석에서 부모의 학벌을 동일하고, 학생의 나이와 지적수준이 동일한 고등학생들을 찾지 않아도 이들의 학습시간이 성적에 미치는 영향을 분석하는 혁신적 연구를 수행할 수 있도록 해준다.

다중회귀분석의 Ceteris Paribus

$$score_i = \beta_0 + \beta_1 IQ_i + \beta_2 ParentEducation_i + \beta_3 age_i + \beta_4 sex_i + \beta_5 HourStudy_i + e_i$$

그렇다면 이러한 질문을 하는 사람도 있을 것이다. 위의 모형은 성적에 가장 중요한 요인인 학군을 넣지 않았는데, 그럴 경우 발생할 수 있는 문제점은 무엇이고, 도대체 학군 정보는 어디에 있다는 말인가. 갑돌이와 친인척 관계에 있는 것이 아닌가라는 의문이 들 정도로 중요한 질문이다. 학군 정보를 포함하여 우리가 모형에 포함하지 않은 요인들은 모두 오차항(e_t)에 들어있다. 만약 **정말 학군 정보가 성적을 결정하는 중요한 요인**인데 이를 통제(동일하게 통제)하지 않고 학습시간이 성적에 미치는 영향에 대한 모수를 도출하였다면 이 모수는 과대추정, 혹은 과소추정된 오류일 가능성이 높다. 이것이 중요한 변수가 모형에 모함되지 않았다고 하여 모형설정오류(Model Mis-specification)라고 한다. 해결 아이디어는 의외로 간단한데 해당 오류를 피하기 위해서는 오차항에서 학군정보를 빼와서 모형에 포함하면 된다. 그러나 실제 활용 면에서는 중요변수를 찾아내 오차항에서 모형으로 편입시키는 작업은 그리 간단하지 않은데 이에 대해서는 추후 좀 더 알아보도록 하자.

CHAPTER 02

행복한 가정은 모두 비슷한 이유로

– 레프 톨스토이의 안나카레니나 中

- 모수 가정: 모수는 선형이다(Linear in parameters)
- 설명변수 가정1 : 설명변수 사이에 완전공선성은 존재하지 않는다(No Perfect Collinearity)
- 설명변수 가정2 : 설명변수는 일정의 변동이 존재한다(Variation in explanatory variables)33
- 오차항 가정1 : 오차항의 평균은 0이다(Zero Conditional Mean)
- 오차항 가정2 : 오차항의 분산은 동분산이다(Homoskedasticity)
- 오차항 가정3 : 오차항은 자기상관이 존재하지 않는다(No Serial Correlation)
- 오차항과 설명변수의 가정: 공분산이 존재하지 않는다(No Endogeneity)
- 가정의 불충족: 이제부터가 게임의 시작이다

모형설정오류를 더 자세하게 설명하지 않고 위에서 급하게 마무리한 이유는 모형설정오류가 최소자승기법의 가정들과 직접적으로 관련이 있고, 설명해야 하는 분량이 많아 별도의 페이지에서 설명하려고 했기 때문이다. 계량경제학자들은 오차항의 제곱을 최소화하는 방식으로 모수를 추정하기 위하여 일련의 가정들을 설정하였다. 이는 **추출한 자료(표본)로부터 도출하는 모수와 분산이, 우리가 추출한 자료에서만 나타나는 성격이 아니라 전체 집단(모집단)에서 동일하게 나타나는 성격이라는 사실을 수학적으로 증명하기 위해서는 일련의 가정들이 필요해서다.**

계량경제학을 처음 접하는 사람 중에 OLS에서 일련의 가정이 모수 도출의 용이성을 위한 선행적 조치라는 사실을 이해한 사람은 간혹 볼 수 있지만, 또 다른 이유가 추출된 표본이 모집단을 대표하는지를 판별하기 위하여 꼭 필요하다는 사실을 인지하는 사람은 많지 않다. 이는 다급한 마음에 통계패키지 활용 중심의 공부를 시작하여, 이론적 배경, 즉 도출 모수가 모집단 모수와 다르지 않다는 사실을 증명하는 과정에는 많은 시간을 투자하지 못한 결과라고 생각한다. 계량경제학자들은 추출한 표본(sample)이 모집단(population)을 대표하고 있으며, 표본으로 도출한 모수와 분산이 모집단의 모수 및 분산과 동일한지에 관심이 많다. 이는 회귀분석 결과가 표본 추출 과정의 오류에 지배되지 않는지를 확증하기 위해서이다. 학부용 계량경제 서적들은 해당 사항을 설명하지 않지만 Maddala* 교수의 책은 이를 상세히 기술하고 있으므로 필요한 분들은 참조하길 바란다. 물론 따분하게 수학으로 증명하는 과정만 나열되어 있다.

계량경제학 서적 별로 제시하는 가정들이 다소 차이가 있지만(그렇다고 가정이 다른 것은 아니다. 다만 명시적으로 가정하느냐 그렇다고 치자라고 하고 넘어가느냐의 차이이다) 본 장에서는 일반적으로 계량경제에서 제시하는 가정을 중심으로 기술하도록 하겠다. 본 책에서 기술하는 가정은 모수에 대한 가정, 설명변수에 대한 가정, 오차항에 대한 가정 및 오차항과 설명변수에 대한 가정으로 나뉜다.

* Introduction to Econometrics, 4th edition, G.S. Maddala & Kajal Lahiri. Wiley

모수 가정: 모수는 선형이다(Linear in parameters)

최소자승기법은 **선형 모수**를 추정한다. 즉, 모수는 1차항으로만 구성되어 있다고 가정한다. 이를 간혹 오해하는 입문자들이 있는데 **모수**가 1차 선형이라고 설명하였지 **독립변수**가 1차 선형이어야 한다고 가정하지 않았다. 즉, 아래와 같은 회귀식에서 **모수 β는 제곱이나 세 제곱항이 아니라고 가정**한다. 그러나 설명변수(독립변수)들은 제곱항이나 세 제곱항이 포함될 수 있다. 이는 설명변수의 비선형성만 제공하더라도 충분히 1차 함수, 2차 함수, 로그함수 등의 모든 함수관계를 표현할 수 있어서이다.

$$y_i = \beta_0 + \beta_1 x_{1i} + \beta_2 x_{2i} + \beta_3 x_{3i} + e_i$$

아래 그림의 예에서 자동차 연비와 가격의 관계는 2차함수의 형태를 갖고 있다. 이를 반영하고 싶다면 연비(mpg)와 연비의 제곱항(mpg^2)만을 투입하여 각각의 모수를 추정하는 방식으로 충분히 연비가 가격에 미치는 영향을 다항함수식으로 추정할 수 있다. 따라서 추가적으로 모수 자체를 비선형으로 가정할 필요가 없게 된다. 물론 이 가정을 꼭 가정군 내에 포함시키지 않아도 되고 모수 선형성 가정을 완화할 수도 있다. 다만 비선형으로 가정하면 회귀식 도출이나 위에서 언급한 표본이 충분히 모집단을 대표하는지를 증명할 때 더 복잡한 과정을 거치게 된다. 뿐만 아니라 도출된 결과도 실제 사회과학분야에서 실증분석을 수행하는 연구자(사용자)가 적용할 때 크게 다르지 않다.

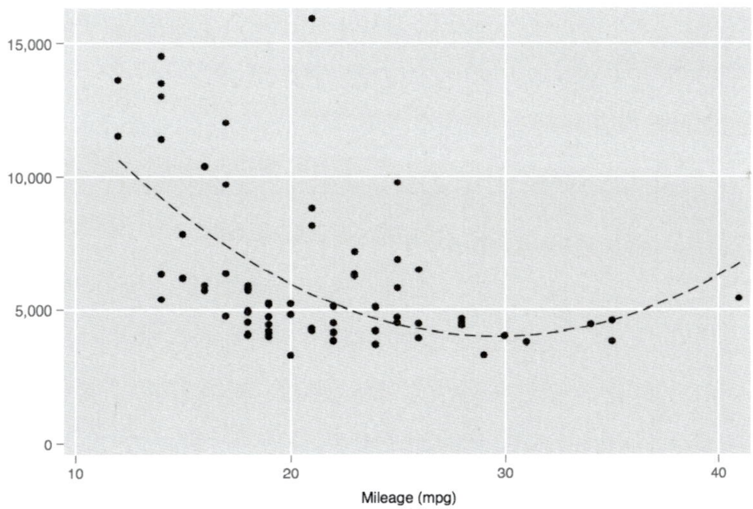

설명변수 가정1 : 설명변수 사이에 완전공선성은 존재하지 않는다(No Perfect Collinearity)

공선성(collinearity)은 둘 이상의 변수에서 선형관계가 존재하는지에 대한 개념이다. 아래 예와 같이 두 변수의 합이 특정 상수를 이룬다던지, 하나의 변수를 두 개의 변수의 조합으로 설명할 수 있는 경우가 공선성이 된다. 즉, 방정식에서 오른쪽에 위치한 독립변수 사이에 선형성이 존재하면 안 된다는 뜻이며, 이는 더욱 쉽게 풀어 독립변수 사이에 특정한 관계가 있으면 안 된다는 뜻이다. 그런데 최소자승기법에서 문제가 되는 공선성은 완전공선성(Perfect Collinearity)이다. 완전공선성이 아닌 다소의 공선성이 존재하는 경우는 최소자승기법의 도출과정에서 크게 문제되지 않는다. 그렇다면 어느 정도의 공선성이 허용되며, 공선성이 발견될 경우의 문제와 이에 대한 해결은 무엇일까? 일반적으로 계량경제학에서는 완전공선성을 100% 기준으로 하였을 때 70% 이하의 공선성은 받아들일 수 있다고 설정한다.

완전공선성의 예

$$1 = x_1 + x_2,\ x_3 = x_1 - 3x_2$$

예상할 수 있듯이 완전공선성이 중요한 이유는 다중회귀분석 시 Ceteris Paribus가 적용되지 않기 때문이다. 다른 변수들은 동일할 때 특정 설명변수가 독립변수에 미치는 영향을 분석해야 하는데 높은 공선성은 이를 저해하기에 모수를 정확히 추정할 수 없을 뿐만 아니라 추정된 모수를 믿을지 말지 결정하는 표준오차를 통하여 계산되는 기각확률 또한 신뢰할 수 없게 한다. 예를 들어 위의 완전공선성을 가진 x_1와 x_2를 갖고 아래 회귀모형으로 모수를 추정한다고 해보자. x_1와 x_2는 $1 = x_1 + x_2$의 선형관계에 있으니 x_2는 $x_2 = 1 - x_1$로 표현될 수 있다. 이는 회귀식이 $y_i = \beta_0 + \beta_1 x_{1i} + \beta_2(1 - x_{1i}) + e_i$로 전환되어 결론적으로 모형이 $y_i = (\beta_0 + \beta_2) + (\beta_1 - \beta_2)x_{1i}$ $y_i = (\beta_0 + \beta_2) + (\beta_1 - \beta_2)x_{1i} + e_i$로 추정되는 바와 궁극적으로는 동일하다. 연구자는 비록 x_2를 통제하여 x_1만의 효과를 추정하고 싶었지만 추정이 정확히 이루어지지 않은 결과를 낳았다. 완전공선성을 수학과 컴퓨터의 언어가 아닌 우리의 언어로 풀어보자면, 비록 두 변수가 표현은 다르지만 동일한 변수라는 말이 된다. 예를 들어 측정 대상자의 키(height)와 그 키의 음수값(−height)은 표현만 달랐지 동일한 변수이다. 즉 height+(−height)=0으로 완전공선성 관계에 있다.

$$\text{회귀모형} : y_i = \beta_0 + \beta_1 x_{1i} + \beta_2 x_{2i} + e_i,\ \text{완전공선성} : 1 = x_1 + x_2$$

실제 회귀분석에서 완전공선성의 해결은 비교적 간단하다. Stata를 활용하여 공선성이 파악되면 문제가 발생한 변수들 중 몇몇을 누락시키고 하나의 변수만 살려 회귀분석을 실시하면 된다. 만약 완전공선선 관계에 있는 변수를 투입하여 회귀분석을 실시하면 Stata는 똑똑하게도 완전공선성에 있는 변수 중 하나를 누락(omitted)시켜 결과를 보여준다. 그러나 Stata의 똑똑함도 그 한계가 있다. Stata는 완전공선성 상황을 확인하여 임의의 변수를 누락시킬 뿐 **완전공선성에 가까운 상황은 해결하지 못한다**. 그렇기에 연구자는 본인이 분석하고자 하는 모형에서 설명변수 간 완전공선성에 가까운 변수가 존재하는 지를 확인하여 최소자승기법의 가정을 만족하는지 점검해야 한다. 그런데 완전공선성은 둘 이상의 변수가 표현은 다르지만 사실은 같은 변수라는 **인간 언어**의 정의에서, 어떻게 논문까지 쓰는 똑똑한 연구자가 표현만 다른 동일한 변수를 공선성 점검 전까지 구분하지 못할까란 의문을 품을 수 있다.

예를 들어 생각해보자. 한 연구자가 출퇴근에 소요되는 시간과 업무성과의 관계를 분석하고자 한다. 이를 위해서 모형에 출퇴근 시간과 집에서 회사까지의 거리도 포함하였다. 하지만 사실상 출퇴근 시간과 회사까지의 거리는 공선성이 높을 수 있다. 일정거리까지는 공선성이 아주 높다가 특정 거리를 넘어서서 거리가 더욱 멀어지면 공선선이 떨어지게 **될 것이다**. 이는 출퇴근이 가능한 거리라면 시내 대중교통을 이용하여 출퇴근하게 되어 공선성이 높은 반면, 너무 먼 곳에 거주하게 된다면 사실은 회사 근처에 별도로 등재되지 않은 숙소를 마련하거나 KTX를 포함한 고속이동수단을 이용하게 되리라 추정되기 때문이다. 이런 경우 출퇴근 시간과 집에서 회사까지의 거리는 표현만 다르지 사실은 같은 변수로 취급할 수 있다는 점을 명시해야 한다. 공선성을 확인하는 방법은 추후 실제 Stata를 활용하는 장에서 다루도록 한다.

설명변수 가정2 : 설명변수는 일정의 변동이 존재한다(Variation in explanatory variables)

설명변수 x에 변동이 거의 없는 경우를 생각해보자. 우선 생성된 x1변수는 평균은 10이고, 변동(표준편차)은 0.0001로 x의 변동이 아주 작은 변수이다. 두 번째 생성된 x2변수는, 평균은 x1과 동일하지만 표준편차는 1로 변동이 상당히 확보된 변수이다. 두 x변수(x_1, x_2)를 바탕으로 필자는 y=1.2+0.8x+e의 관계에 있는 두 y변수(y_1, y_2)도 생성하였다. Stata에서는 그래프를 그릴 때 x축과 y축을 자동 조정하여 x1과 y1이 골고루 분포된 것처럼 보일 수 있다(그림 좌측 상단). 분포를 더욱 명확히 보기위해 x1축을 y1축의 규모와 동일하게 조정하면 x1축의 변동이 극히 작아 마치 쌓여있는 자료처럼 보인다(그림 좌측 하단). 두 관계의 실제모형은 y=1.2+0.8x+e 여서 두 모형 모두에서 x와 y의 관계를 추정하면 기울기가 당연히 0.8로 추정되어야 한다. 하지만 그래프 상에 나타난 추정(그림 좌측 하단) 결과에서 확인할 수 있듯이 x의 변동폭이 아주 작은 변수를 활용한 추정은 x 기울기가 극한으로 수렴된다. 반면 x의 변동이 확보된 경우 x의 모수가 어느 정도 우리가 설정한 모수에 근사한다고 확인할 수 있는데(그림 우측 하단), 명확하게 결과를 확인하기 위해 실제 추정을 진행하였다.

$x_1 \sim N(10,\ 0.0001)$ 생성

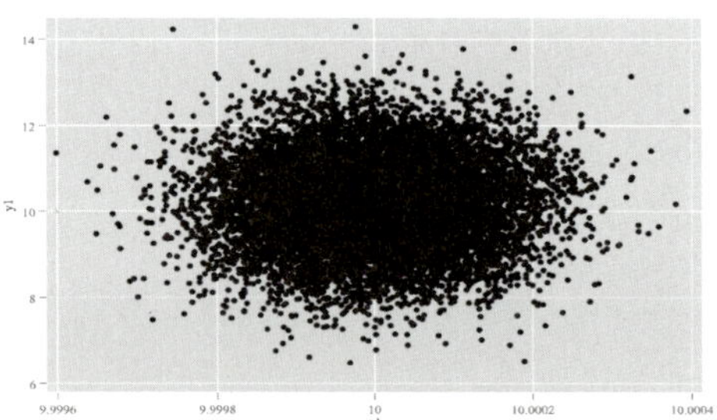

$x_2 \sim N(10,\ 1)$ 생성

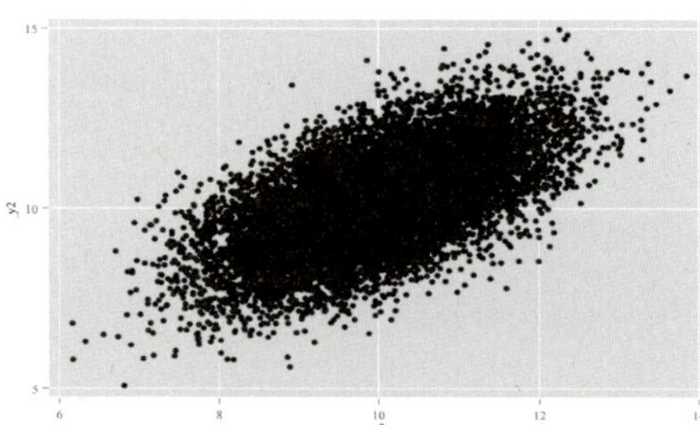

$x_1 \sim N(10,\ 0.0001)$ 추정

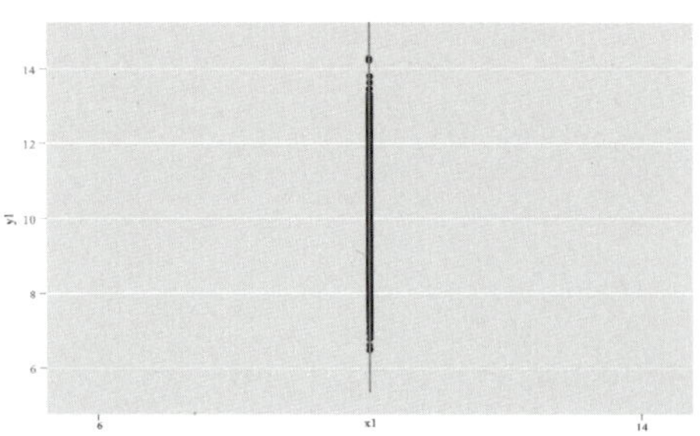

$x_2 \sim N(10,\ 1)$ 추정

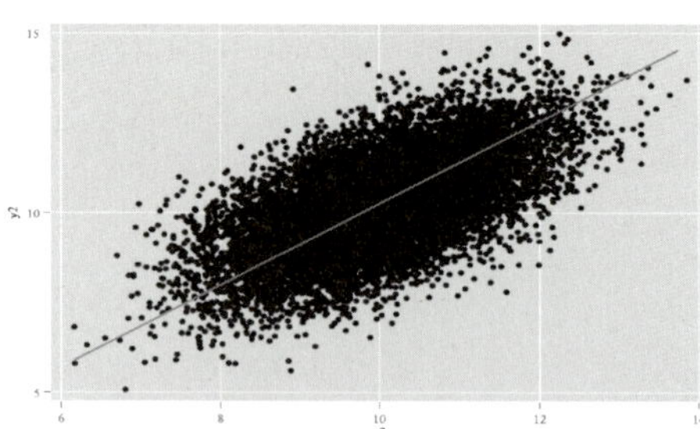

무작위 추출로 변수를 생성하기에 변수를 생성할 때 마다 결과값이 달라질 수 있지만 필자가 현재 생성한 자료로 추정한 결과 x1의 기울기는 264.4925로 추정되었고, 난수를 다시 생성하여 재추정시마다 기울기의 추정결과가 −50~300사이로 오가며 안정적이지 않았다. 반면 추정된 x2의 기울기는 0.80933231로 우리가 설정한 모수에 근접하게 추정되었고, 난수를 변경하여 추정된 결과에도 추정모수의 안정성이 확보되었다.

본 개념을 이해가 어려우면 이를 x라는 바닥 위에 널빤지를 올려서 널빤지의 기울기를 추정하는 경우로 생각해 볼 수 있다. 오른쪽 그림들과 같이 x라는 바닥이 넓으면 널빤지가 흔들리지 않게 놓여있어 안정적으로 안착되고 그 널빤지의 기울기도 안정적으로 추정할 수 있다. 반면 바닥이 못과 같이 서 있는 왼쪽 그림에서는 널빤지를 올려놓으면 안정적이지 않고 **조그마한 충격에도 좌우로 흔들리게** 된다. "조그만 충격에도 흔들린다"는 어떤 경우에 추정하면 결과가 −50로도 어떤 경우에는 300로도 추정될 수 있어 안정적이지 않을 수 있다는 표현과 동일하다. 독자들에게 필자가 수행한 결과를 확인시키기 위해 Stata 코드를 제공한다. 비록 지금은 코드 전체를 이해하기 힘들 수 있지만 본 책을 다 읽어 기본적인 개념이 잡힌 이후에는 꼭 실행시켜 봐서 본 개념을 이해하는데 도움이 되길 바란다.

STATA 코드

```
clear
set obs 10000

gen x1=rnormal(10, 0.0001)
gen x2=rnormal(10, 1)
gen error=rnormal(1)
gen y1=1.2+0.8*x1+error
gen y2=1.2+0.8*x2+error

reg y1 x1
estimates store smallvar
reg y2 x2
estimates store largevar

estout smallvar largevar

scatter y1 x1
scatter y2 x2
```

```
scatter y1 x1, yscale(range(5 15)) xscale(range(5 15))
scatter y2 x2, yscale(range(5 15)) xscale(range(5 15))

twoway (scatter y1 x1, yscale(range(5 15)) xscale(range(5 15))) (lfit y1 x1)
twoway (scatter y2 x2, yscale(range(5 15)) xscale(range(5 15))) (lfit y2 x2)
```

오차항 가정1 : 오차항의 평균은 0이다(Zero Conditional Mean)

본 가설에 근거로 최소자승기법은 오차를 최소화하는 방향으로 모수를 추정한다고 위에서 아주 자세하게 설명하였다. 오랜만에 책을 펴는 연구자를 위해 갑돌이를 다시 한 번 소환하면, 갑돌이는 두 변수의 관계를 추정하기 위해 관측치들 사이를 지나는 어느 즈음에 선을 그려 평균적 성향을 반영하자는 의견을 내어 필자의 극찬을 받았다. 또한 그러한 갑돌이의 의견은 평균적 성향을 반영하여서 오차를 단순 합산하면 항상 0이 되어 크기를 비교할 수 없어 비교를 위해서라도 각각의 오차를 제곱하여 모든 오차 제곱의 합이 최소화되는 방법으로 관계선을 그려야 한다는 사실도 공부하였다.

이 과정을 충실히 지켜 모수가 추정되었다면 각 관측치의 평균을 지나는 선이 그려지기에 양(+)과 음(−)으로 구성된 개별 관측치의 모든 오차의 합은 0으로 수렴할 수밖에 없다. 만약 오차의 합이 0인지를 테스트 하였을 때 0으로 수렴되지 않았다면 이는 추정된 모수가 평균적 성향을 반영하여 적정 추정되지 않았다는 증거이기도 하다.

오차항 가정2 : 오차항의 분산은 동분산이다(Homoskedasticity)

계량경제학을 처음 접한 연구자들이 어려워하는 개념 중의 하나가 동분산성과 이분산성이다. 동분산(Homoskedasticity)과 이분산(Heteroskedasticity)은 한글 용어도 어려울 뿐만 아니라 영문 용어도 영어 단어 중 제법 긴 단어에 속하고, 일반적으로 사용하는 단어도 아니다. 동분산 가정의 개념을 이해하기 위하여 위에서 제시한 예를 다시 한 번 확인해 보자.

좌측 그림에서 자동차의 무게인 x변수(weight)가 증가할수록 오차의 범위가 확대되고 있다. 그림과 같이 오차 분산의 범위가 특정 독립변수 내에서 동일하지 않는 현상을 이분산이라고 하고, 동일하다면 동분산성이 보인다고 한다. 이분산성이 문제되는 이유는 오차의 분포에 따른 신뢰성과 연관되어있어 동분산 가정을 충족하지 못한 최소자승기법의 도출 모수는 신뢰할 수 없게 된다는 사실에 기인한다. 물론 비록 동분산일지라도 분산이 큰 경우를 생각해 볼 수 있다. 이런 경우는 모수 자체가 통계적 유의성을 나타내지 않을 것이기 때문에 추정 자체에는 문제되지 않는다. 따라서 추정선으로부터 개별 관측치들이 얼마나 멀리 또는 가깝게 분포되는가가 자료의 신뢰를 결정하는 것이 아니라 그 분포의 정도가 동일하는지가 문제다. 그런데 아래의 자료에서 낮은 무게에서는 분산이 낮은 반면 무게가 증가할수록 관측치의 분산이 증가한다.

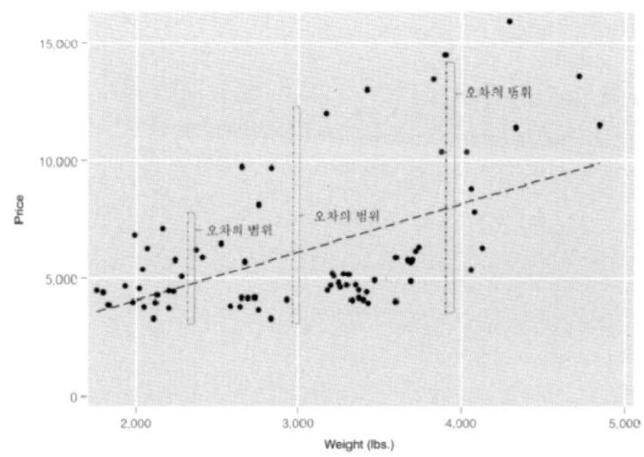

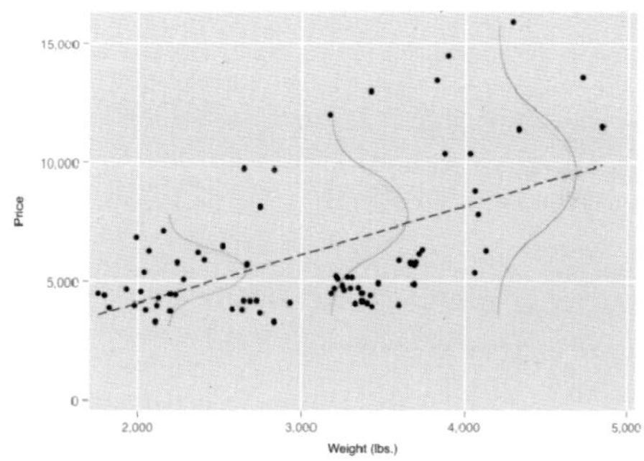

예를 들어 두 대선후보의 만족도를 10점 척도로 측정했다고 가정해 보자. (A)대선주자는 만족도 평균이 5점이지만 분산이 크지 않아 만족도 구간이 4점과 6점 사이에 존재한다. 반면, (B)대선주자는 평균적 만족도가 6점이어서 비록 (A)대선주자보다는 높지만 응답점수의 분포가 3점과 8점 사이에 있다. 즉, (B)대선주자는 (A)대선주자보다는 만족도가 높지만 호불호가 갈리는 인물이다. 그렇다면 과연 평균적 성향만 갖고 (B)대선주자는 (A)대선주자보다 높은 만족도를 보인다고 주장할 수 있을까? 대답은 "아니다"이다. (A)대선주자는 (B)대선주자보다 응답구간의 폭이 좁아 더욱 신뢰할 수 있고, (B)대선주자는 그렇지 않다. 따라서 계량경제에서는 "(B)의 만족도가 (A)보다 높다고 결코 말할 수 없다"라고 말한다. 통계패키지를 통해서 통계적으로 (B)의 만족도가 (A)보다 높은지도 판단할 수 있다. 이처럼 자료의 분포 및 분산은 자료의 신뢰를 결정하는 중요 요소인데, 만약 위의 자동차 가격의 분포에서처럼 가격이 상승할수록 분산이 증가한다면 설명변수(자동차의 무게)에 해당하는 독립변수(자동차의 가격)가 갖는 신뢰성이 동일할 수 없어 이분산성은 모수 추정의 신뢰를 하락시킨다.

이를 다시 널빤지에 적용하여 생각해 볼 수도 있다. 자동차무게 분포에 널빤지를 올려놓아 관계를 추정한다고 해보자. 무게 2,000lbs정도의 위치에서는 널빤지가 놓일 위치가 명확하다. 5,000달러 위치에서 안정적으로 고정될 것이다. 그러나 무게 4,000lbs즈음에는 널빤지가 놓일 위치의 범위가 넓어진다. 마치 부채를 들고 흔들리듯이 손으로 잡고 있는 손잡이는 크게 흔들리지 않는 반면 부채 끝은 많이 흔들리는 모양을 연상할 수 있다.

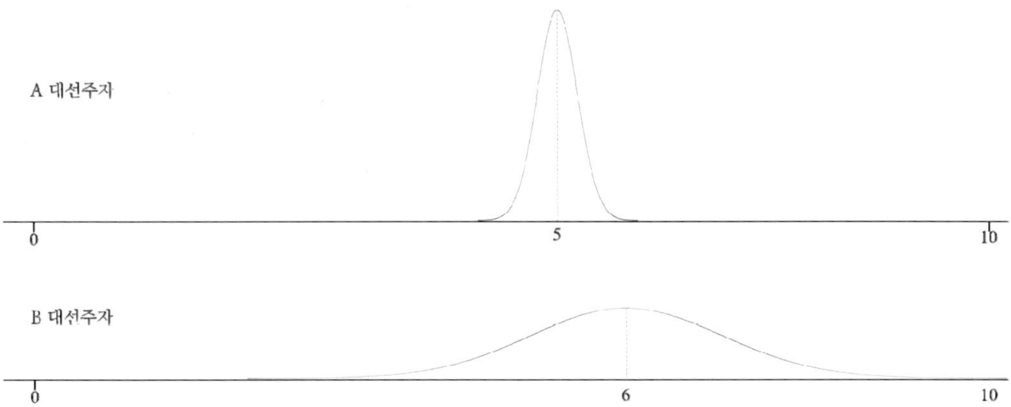

이분산성의 해결도 실무단계에서는 이외로 간단하다. 모형 자체를 변경하여 최소자승기법이 아닌 가중치최소자승기법(Weighted Leasts Squares, WLS)을 수행하여 팽창하는 분산을 조정해 줄 수 있다. 또한 Stata에서는 특별히 가중치최소자승기법을 사용하지 않더라도 연구자가 사용하고자 하는 모형별로 "이분산성이 나타난다면 이를 보정해서 모형을 추정해라" 라고 옵션을 추가할 수 있다. 필자는 일반적으로 학생들에게 이분산성 발현 여부와 관계없이 모형별로 강건성 옵션이 존재한다면 사용하라고 설명하고 있다(억울하게도 옵션을 제공하지 않는 모형이 다수 있다). 이유는 간단하다. 동분산 상황이라면 강건성 옵션은 영향력이 없을 것이고, 만약 이분산 상황이라면 강건성 옵션은 이분산성을 고려해서 모수를 추정해 주어 강건성 옵션을 사용하는 비용은 없는 반면, 이득이 상당한 이유에서다.

오차항 가정3 : 오차항은 자기상관이 존재하지 않는다(No Serial Correlation)

오차항에 대한 가정으로 "오차항 사이에는 자기상관이 존재하지 않는다"는 가정이 있다. 오차항 사이의 자기상관은 횡단면에서는 발생할 확률이 극히 작아, 아니 거의 나타나지 않아 문제되지 않으나 시계열을 포함한 자료구조(시계열자료 및 패널자료)에서는 상당한 문제가 된다.

우선 공분산(covariance) 개념을 이해할 필요가 있다. 공분산은 두 확률변수의 관계된 정도를 나타낸다. 공분산은 $cov(x_1,x_2)$와 같이 수식으로 표현하는데 $cov(x_1,x_2)\ >0$이면 x_1가 증가할 때 x_2도 증가하는 관계를(왼쪽 그림), $cov(x_1,x_2)\ <\ 0$이면 x_1가 증가할 때 x_2는 감소하는 관계를(가운데 그림), $cov(x_1,x_2)\ =\ 0$은 x_1와 x_2가 선형관계가 존재하지 않는 관계(오른쪽 그림)를 보여준다. 공분산과 함께 상관계수(correlation coefficient)도 두 변수의 선형관계를 보여주는데, 공분산은 이론적으로는 음의 무한대에서부터 양의 무한대의 수를 갖지만 상관계수는 이를 표준화 조정을 거쳐 (-1)~(+1)로 두 변수의 선형관계를 표현한다. 자기상관은 오차항에서 발현되는 공분산을 특정화하는 용어인데 오차항의 공분산(자기상관)이 횡단면에서는 크게 중요하지 않고 시계열을 포함한 자료구조에는 중요한 이유를 알아보자.

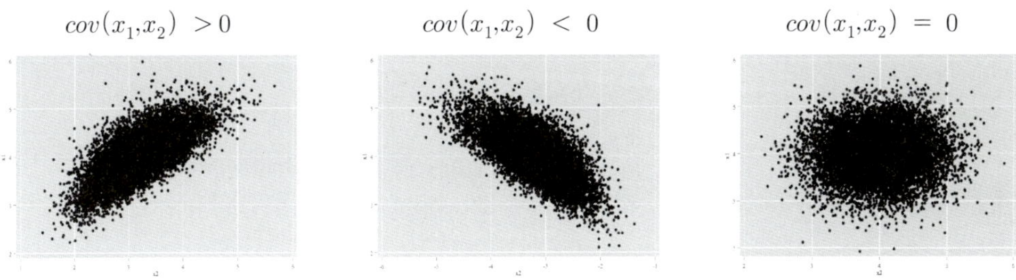

언급하였듯 횡단면 자료의 경우 오차항의 공분산은 대체적으로 잘 나타나지 않는다. 이를 고등학생의 학업시간이 성적에 미치는 영향력 분석 모형에서 확인해 보자. 우리는 지금 학업시간($HourStudy_i$)이 고등학생의 성적($score_i$)에 미치는 영향을 연구하고 있으며 학생 특유의 성향을 통제하기 위하여 학생의 IQ(IQ_i), 부모의 교육수준($ParentEducation_i$), 학생의 나이(age_i)와 성별(sex_i)을 모형에 추가하였다. 각 변수에 아래첨자 i를 추가한 이유는 개별 고등학생을 구분하기 위해서다. 이때 오차항(e_i)에 포함되어 있을 수 있는 변수(연구자가 연구 모형에 포함시키지 않았지만 성적에 영향을 미칠 수 있는 변수)에 「부모가 자녀 교육에 투입하는 지출」이 있을 수 있다. 그러나 "철수의 부모가 철수의 교육에 투입하는 지출"과 "영희의 부모가 영희의 교육에 투입하는 지출의 규모"는 서로 상관이 없을 가능성이 높다. 만약 철수와 영희의 부모가 같은 부모라면 그렇지 않을 수 있으나 분석을 위하여 조사한 모든 고등학생의 부모가 동일할 수 없기에 오차항에 포함된 「부모가 자녀 교육에 투입하는 지출」이라는 변수는 공분산이 있을 가능성이 매우 희박하다.

$$score_i = \beta_0 + \beta_1 IQ_i + \beta_2 ParentEducation_i + \beta_3 age_i + \beta_4 sex_i + \beta_5 HourStudy_i + e_i$$

시계열 자료에서는 상황이 많이 달라진다. 다음과 같은 연구모형을 고려해보자. 한국의 1인당 GDP($GDPpc_t$)가 국내 소비($DomesticConsumption_t$)에 의해 결정되는지 시계열 자료로 확인하는 모형이다. 예민한 연구자라면 횡단면과 다르게 각 변수에 아래첨자 i 에서 t 로 변경된 것을 눈치 챘을 것이다. 이는 한국이라는 단일 국가를 대상으로 분석하기에 시간 변화를 제외한 관측치를 구분할 필요가 없기 때문이다. 만약 패널분석을 시행한다면 모형 구성에서 첨자는 어떻게 작성해야 할까? 그렇다. 아래첨자를 it 로 수정하면 된다. 한 걸음 더 나아가서 수출 자료와 같이 수출하는 국가와 수입하는 국가가 나뉘어 있고, 시간별로 자료를 조사하였다면 아래첨자 구성은? (옳은 답을 마음속에 생각했기를 간절히 기원한다). 그렇다. ijt(i수출국가, j수입국가, t시간)로 수정하면 패널분석이 모형에 반영된다.

다시 돌아가서, 본 모형에서 포함되지 않아 오차항에 포함된 변수는 **전년도의 1인당 GDP**일 것이다. 대부분의 경제변수는 추세가 존재한다. 추세는 과거의 변수값이 현재의 상태나 미래의 상태에 영향을 미치는 현상이다. 문제는 여기서 출발한다. 시계열 자료에서 추세가 존재한다면 전년도의 GDPpc($GDPpc_{t-1}$)는 그 전년도의 GDPpc($GDPpc_{t-2}$)에 영향을 받게 되고 2년 전의 GDPpc($GDPpc_{t-2}$)는 3년 전의 GDPpc($GDPpc_{t-3}$)에 영향을 받게 된다. 즉 오차항에 포함된 $GDPpc_{t-1}$, $GDPpc_{t-2}$, $GDPpc_{t-3}$ 들이 서로 상관관계가 높다는 결론에 도달하게 된다. **이러한 현상이 나타나는 과정을 시계열에서의 공분산현상, 즉 시계열자기상관(autocorrelation, serial correlation)**이라고 부른다.

$$GDPpc_t = \beta_0 + \beta_1 DomesticConsumption_t + e_t$$

이로 인하여 시계열을 포함한 자료구조에서는 오차항의 공분산, 즉 자기상관 가정을 꼭 점검해야하고, 이를 통제하는 과정이 시계열을 포함한 자료구조에서 중요한 자료구조 점검사항이 된다. 본 책의 범위를 벗어나지만 시계열 자료는 일정 시간이 지나면 충격이 완화되는 **안정화 과정**을 거친다. 이 안정화 과정이 빠르냐, 혹은 느리냐에 따라 활용하여야 하는 모형이 달라지고 간혹 충격이 안정화되지 않고 발산되는 경우도 발현되기는 하지만 극히 드물다.

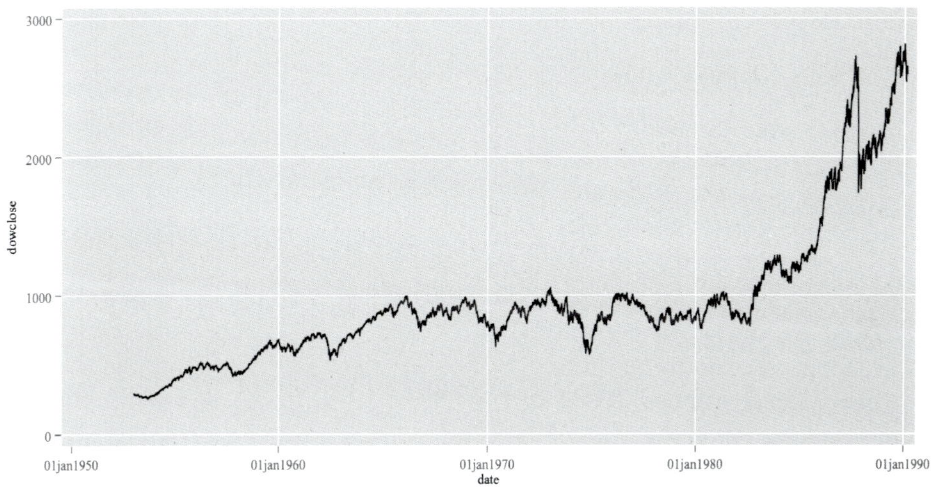

시계열의 추세

오차항과 설명변수의 가정: 공분산이 존재하지 않는다(No Endogeneity)

본 가정은 설명 변수사이 완전공선성이 존재하지 않는 가정의 연장선상으로서, 설명변수 뿐만 아니라 오차항과 설명변수 사이에도 공분산이 존재하지 않아야 함을 명시한다. **오차항과 설명 변수 사이에 발생하는 공분산을 특별히 내생성(endogeneity)이라고 부른다**. 아래 제시한 Stata 코드와 결과 해석은 추후 상세히 알아보도록 하고 일단 내생성이 존재하는 경우에 발생할 수 있는 문제점을 집중해서 확인하자.

위에서 상관관계와 공분산은 도출하는 식이 다소 상이하지만 유사개념이라 설명하였다. Stata에서 상관관계 분석은 pwcorr로 수행하는데, Stata 기본 예제파일인 auto.dta 데이터를 활용하여 자동차의 무게(weight)와 연비(mpg)의 상관관계를 추정하자 1%의 유의수준에서 자동차의 무게(weight)와 연비(mpg)는 음(−)의 상관관계가 있고, 그 영향력이 상당한 것을 확인할 수 있다 (−0.8072*).

```
. pwcorr weight mpg, star(0.01)

             |   weight      mpg
-------------+------------------
      weight |   1.0000
         mpg |  -0.8072*  1.0000
```

이러한 상황에서 분석모형을 (A)와 같이 설정하여 단순히 자동차의 무게가 가격에 미치는 관계를 분석한다면 오차항(e_i)에 **"모형에 포함하지 않은 연비"**가 포함되게 된다. 모형(A)에서 확인한 자동차무게의 효과는 2.044이지만 **오차항 포함된 연비를 추출하여 모형에 포함시키면(모형B)** 자동차무게의 효과는 1.746이 되는 것을 확인할 수 있다. 즉 자동차무게에 영향을 미치는 공분산 변수인 자동차연비를 모형에 포함하지 않아 오차항에 있도록 방치할 경우(내생성 발생), 우리가 자동차가격의 결정요인으로 추정하려는 주요변수인 자동차무게가 과대 추정되었다.

모형 (A) $price_i = \beta_0 + \beta_1 weight_i + e_i$

모형 (B) $price_i = \beta_0 + \beta_1 weight_i + \beta_2 mpg_i + e_i$

```
. reg price weight

      Source |       SS           df       MS      Number of obs   =        74
-------------+----------------------------------   F(1, 72)        =     29.42
       Model |   184233937         1   184233937   Prob > F        =    0.0000
    Residual |   450831459        72  6261548.04   R-squared       =    0.2901
-------------+----------------------------------   Adj R-squared   =    0.2802
       Total |   635065396        73  8699525.97   Root MSE        =    2502.3

------------------------------------------------------------------------------
       price |      Coef.   Std. Err.      t    P>|t|     [95% Conf. Interval]
-------------+----------------------------------------------------------------
      weight |   2.044063   .3768341     5.42   0.000     1.292857    2.795268
       _cons |  -6.707353    1174.43    -0.01   0.995     -2347.89    2334.475
------------------------------------------------------------------------------
```

```
. reg price weight mpg

      Source |       SS           df       MS      Number of obs   =        74
-------------+----------------------------------   F(2, 71)        =     14.74
       Model |   186321280         2  93160639.9   Prob > F        =    0.0000
    Residual |   448744116        71  6320339.67   R-squared       =    0.2934
-------------+----------------------------------   Adj R-squared   =    0.2735
       Total |   635065396        73  8699525.97   Root MSE        =      2514

------------------------------------------------------------------------------
       price |      Coef.   Std. Err.      t    P>|t|     [95% Conf. Interval]
-------------+----------------------------------------------------------------
      weight |   1.746559   .6413538     2.72   0.008      .467736    3.025382
         mpg |  -49.51222   86.15604    -0.57   0.567    -221.3025     122.278
       _cons |   1946.069    3597.05     0.54   0.590    -5226.245    9118.382
------------------------------------------------------------------------------
```

위의 예에서와 같이 내생성이 발생하는 이유는 모형에 포함된 변수와 실제 모형에는 포함되지 않아 오차항에 포함된 누락변수(omitted) 사이의 공분산 때문이다. 따라서 큰 그림에서 내생성은 누락변수(omitted variables)에 의한 문제라 할 수 있다. 간단한 해결책은 누락변수가 다른 독립변수와 완전 선형관계만 아니라면 이를 모형에 포함시켜주는 것이 바람직하다. 하지만 실제분석에서 오차항에 포함되었지만 **독립변수에 영향을 미치는 요인**을 발견하여 내생성을 확인하기란 손쉬운 과정이 아니며 이를 해결할 수 있는 방안도 만만하지 않다. 이는 모형설정에는 중요하지만 누락된 변수의 존재를 인지하기도 어려울 뿐만 아니라 누락변수를 정확히 확인하여 분석모형에 포함시키기도 어렵다는 사실에 기인한다.

그렇다 하더라도 계량경제학자들이 누구인가? 우리들이 실험과 유사한 환경에서 사회과학 연구를 할 수 있는 이론적 기반을 마련해 주어 불가능을 가능하게 한 마블히어로들이 아닌가. 통계학자 혹은 계량경제학자들은 최소자승기법을 활용하는 대신 도구변수를 활용하여 내생성 문제를 해결하는 방법을 고안해 냈다. 즉, 오차항에 포함되어 있는 어떤 변수와 관련이 높은 변수를 도구로 활용하여 모형에 포함하는 방법을 찾아냈다. 도구변수라는 이름에서 알 수 있듯이 오차항에 포함되어 내생성을 유발시키는 변수를 정확히 파악할 수 없기에, 그와 유사한 변수를 도구로 사용한다는 개념이다. 도구변수를 찾기 위해서는 일정의 자격요건을 갖추어야 하는데 이는 본 책의 범위를 벗어나므로 생략하도록 한다. (횡단면과 최소자승기법에 집중하다보니 책의 범위를 넘어서는 주제는 과감히 생략하는데, 나중에 "범위를 벗어난 주제"들을 모아 설명해야 하는 부담감이 커진다)

가정의 불충족: 이제부터가 게임의 시작이다

최대한 쉽게 설명하려는 필자를 포함하여 통계학자 혹은 계량경제학자들은 왜 강박적으로 위에서 언급한 다양한 가정들을 이해시키려고 하는 것일까? 이는 Gauss-Markov*의 위대한 업적에서 시작한다. 이들은 위의 가정들이 충족된다면, 갑돌이가 이야기한 오차를 제곱하여 최소합으로 도출하는 최소자승기법을 활용한 추정 모수 β**는 모든 선형(linear) 불편성***(unbiased) 모수 중 최소 분산을 갖는다는 사실을 **증명**했다. 그렇기에 위에 제시된 일련의 가정이 충족된다면 최소자승기법으로 도출한 모수가 가장 이상적인 모수가 되어, **최소분산선형불편추정량(Best Linear Unbiased Estimator, BLUE)**이 된다고 알려지게 되었다.

사회과학을 포함한 과학연구에서 "법칙"과 "최고의"라는 표현을 쓰는 용어 혹은 단어가 얼마나 있는지 손꼽아 보면 좋겠다. "법칙"이나 "최고의"라는 표현을 쓰기위해서는 과거에도 그랬고, 미래에도 그럴 것이며, 우리가 속한 환경이 아니라 다른 환경에서도 적용되는 보편적 진리여야 가능하다. 이를 충분히 이해하는 통계학자와 계량경제학자가 특정 모형을 「BEST」라고 명명하는 이유를 우리는 간과해서는 안 된다. 그래서 필자는 가장 유능한 실증분석학자(계량경제학을 활용하여 사회현상을 분석하는 학자)는 일련의 가정들이 충족되는 최상의 표본을 확보하여(이러한 표본을 잘 찾아내는 것도 능력이다) 이를 OLS로 추정하는 학자라고 강조한다.

앞으로 계량경제학을 더욱 깊이 공부하다 보면 황홀해 보이고 아름다우면서 어려운 모형들을 많이 접하게 될 것이며, 그러한 모형을 활용한 논문이 멋있어 보이기까지 할 것이다. 하지만 계량경제학을 더욱 깊이 공부하면 할수록 이 말을 잊지 말기 바란다. **최소자승기법(OLS) 보다 편향되지 않은 최선의 추정량을 뽑을 수 있는 모형은 이 세상에 존재하지 않는다**. 필자가 정의한 유능한 실증분석학자가 OLS 가정을 충족하는 최상의 표본을 확보하는 학자라는 말에 의문을 품을 수 있다. 이 말은 결코 작위적으로 자료를 생성하라는 뜻이 아니다. 그 보다는 우리 사회는 아주 복잡

* Wooldridge, J. M. (2015). Introductory econometrics: A modern approach. Nelson Education.

** 계량경제학에서는 표본으로 추정한 모수를 $\hat{\beta}$로 모집단에 존재하는 진정한 모수(true parameter)를 β로 표기한다.

*** 불편성은 표본에서 도출된 모수가 모집단의 모수와 얼마나 동일한지를 판가름 하는 용어이다. 즉, 표본에서 도출된 모수가 모집단의 모수와 통계적으로 동일하다면 이는 불편성을 만족하는 표본 모수가 된다. 계량경제학자들의 주요한 일들 중 하나는 특정 모형을 개발했을 때 해당 모형으로 도출한 모수가 불편성을 확보하는지를 수학적으로 확인하는 일이다.

하기에 이러한 자료를 발견할 가능성이 높은 사회라는 사실을 말해주고 싶은 바이다.

가상의 예로 생각해보자. 어느 연구자가 초등학생의 연령에 따른 학업성취를 파악하고자 한다. 그런데 연구대상 국가의 교육 시스템은 출생 연도를 기초로 초등학교입학을 법적으로 명시한다고 하자. 즉, 1월부터 12월생이 만 6세가 되는 해에 모든 취학연령은 초등학교에 입학해야 한다. 이때 연령을 기준으로 학업성취를 파악하는 기준은 분석의 모호성을 가중 시킨다. 예를 들어 2011년 12월생과 2012년 1월생은 학령기준으로 1년 차이가 나지만 실제 출생일로는 한 달 차이가 나지 않는다. 이런 환경에서 학업성취가 학업연령으로 인한 결과인지를 확인하기 위해서는 모순이 따른다. 그런데 그 국가에서 어느 해에 전쟁이나 자연재해와 같은 국가적 사건으로 불가피하게 입학할 수 없었던 학생들을 통합해서 한 연도에 취학할 수 있도록 하는 정책이 수행된다면, 자연적으로 수학연수를 통제한 학생의 연령이 학업성취에 미치는 효과를 분석할 수 있게 된다. 이렇듯 국가의 정책 변화 등으로 인하여 통제 환경이 인위적으로 조성되는 자료가 떠오른다면 당장 필자를 찾아오시기를. 논문의 재미뿐만 아니라 가치도 엄청난 논문이 나올 수 있다.

만약 해당 가정들 중 하나를 또는 여럿을 충족하지 못하는 자료를 연구자가 확보하게 되어 연구를 진행해야 한다면 연구자는 어떻게 해야 할까? 연구를 포기해야 할까? 계량경제학자들은 최소자승기법의 가정이 위배될 경우 수행할 수 있는 다양한 계량분석 모형들을 발전시켰는데 IV, WLS, TOBIT 등의 다양한 모형들이 나오게 된 경위이다. 일단 계량경제학을 공부하기 시작한 초보 연구자라면 최소자승기법을 활용하는 방법과 이에 대한 가정을 검정하는 과정에 대하여 충분히 숙지해야 한다. 일단 최소자승기법을 활용할 수 있다면 이러한 가정이 충족되지 않은 경우에 다른 계량분석 모형을 찾아서 그 모형을 활용하기만 하는 간단한(?) 작업만 남게 된다.

CHAPTER 03

계량 이론에서 이정도만 알면 어디가서 큰 소리 친다

- 표본선택 편향 : 무작위 표본수집(random sampling)의 중요성
- 평균적 성향의 적군 : 아웃라이어
- 모형설정의 오류(Model Mis - specification): 중요변수의 누락 VS 중요하지 않은 변수의 삽입, 어떤 것이 더 큰 문제일까?
- 계량경제학을 지지시키는 중요한 축: 대수의 법칙(LLN)과 중심극한정리(CLT)

표본선택 편향 : 무작위 표본수집(random sampling)의 중요성

전 장에서 최소자승기법을 활용하기 위해서는 일련의 가정이 필요하고, 이는 표본을 추출하여 추정한 모수와 분포성향(분산)이, 우리가 알지 못하는 모집단의 모수와 분포성향과 동일한지 점검하기 위하여 중요하게 활용된다는 사실을 확인하였다. 해당 과정은 수학적으로 우리가 도출하고자 하는 통계적 모수들이 모집단과 동일한지를 판단하는 과정이라면(이는 통계학자와 계량경제학자들의 몫이다), **연구자는 표본 수집 단계에서 모집단의 성향을 왜곡하지 않는 적절한 표본을 수집하도록 주의를 기울여야 한다.** 이는 연구자가 수집한 표본이 편향(Bias)되어 있다면, 도출된 결과는 연구자가 수집한 표본에서**만** 나타나는 성향일 뿐 모집단을 적절히 반영하지 못한 결과일 수 있어서이다. 이럴 경우 모집단의 성향을 반영하지 못하는 또 다른 표본을 수집한 연구자의 연구결과는 동일한 연구임에도 이전 연구자와 상충되는 결과를 초례한다.

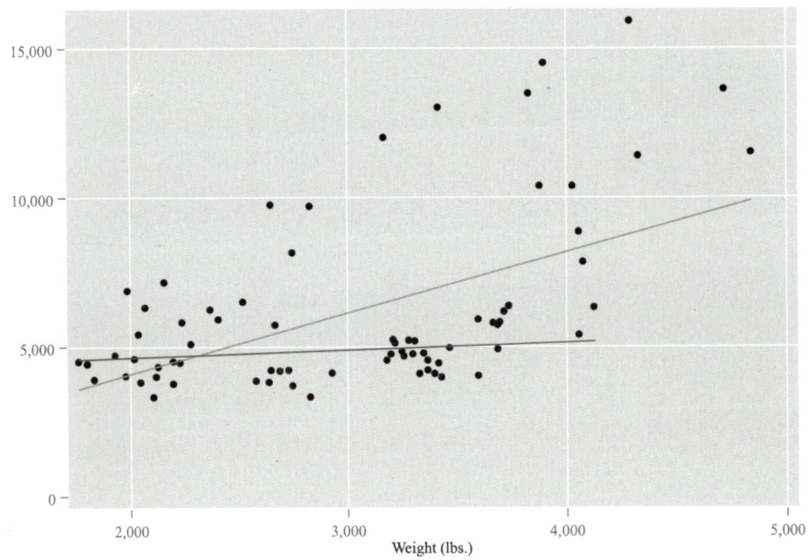

우선 모집단의 성향을 적절히 반영하지 못한 표본을 수집할 경우에 발생하는 문제를 알아보자. Stata에서 제공하는 기본 예제파일 auto.dta에는 74개 자동차에 대한 정보가 포함되어 있다. 해당 자료에서 자동차가격은 3,300달러부터 16,000달러까지 다양하게 분포되어있어 자동차무게와 가

격과의 관계를 추정할 경우 위쪽 그래프와 같이 관계가 추정된다. 그러나 만약 조사과정에서 연구자가 고가의 자동차를 조사할 수 있는 접근경로가 없어서 7,500달러 이하의 자동차만 조사하면 아래 관계선과 같이 관계가 추정된다. 즉, 적절하지 못한 샘플링으로 위의 관계선과 같이 추정되어야할 모수가 아래의 관계선과 같이 추정되어 모수의 영향력의 하향 추정된 것을 확인할 수 있다.

STATA 코드

```
sysuse auto
twoway (scatter price weight) (lfit price weight) (lfit price weight if price<7500)
```

위의 예에서는 "if price<7500"와 같이 **임의로 가격이 7,500달러 이하인 자동차만 분석대상으로 샘플링 편향을 만들어내서**, 편향된 추출이라는 사실을 알 수 있지만 사실 연구자가 본인의 표본이 잘못된 샘플링으로 인한 결과라고 확증할 수 있는 증거는 없다. 특히 **실제 모집단의 분포를 모르기에** 자료점검 단계에서 강건성을 점검하는 다른 점검방법과 같이 샘플링(표본 자료 추출)이나 추출이 완료된 이후에 자료 점검을 통하여서 편향된 표본추출이라고 확인할 수 있는 방법도 없다.

추출된 표본이 적절히 모집단을 대표하는 지 파악할 수 있는 거의 유일한 기준(Criteria)으로 무작위로 표본을 추출했느냐가 중요하게 활용된다(Random Sampling). 만약 자동차 가격을 조사하는 경우라면 특정지역에는 고가의 자동차가 많이 있을 수 있으므로 다수의 지역을 임의로 선정하여 선정된 지역 내에서도 임의의 자동차 판매소를 방문하여 자동차 가격을 조사한다면 무작위 표본추출을 수행했다고 할 수 있다. 만약 설문으로 자료를 조사하는 경우라면 임의로 설문자가 선택될 수 있는 환경을 설정해야 한다. 더불어 무작위 표본 추출을 수행하였을 경우 추출된 표본은 정규분포를 따를 가능성이 높지만 자료의 정규분포 여부가 무작위 표본 추출이 이루어 졌다는 정당성을 부여하는 것은 아니다. 변수의 특성 상 아무리 무작위로 표본을 추출하더라도 정규성이 확보하지 않는 자료가 존재할 수 있다.

더불어 연구자의 치밀하지 못한 연구 환경 설정으로 표본선택 편향이 발생할 수 있다. 예를 들어 보조의약품이 실제 질병유발 억제효과가 있는지 조사한다고 가정해 보자. 해당 연구자는 보조의약품을 사용하는 사람들의 하루 복용량이나 월별 구매현황을 조사하고, 최근 2년이나 3년 동안 질병유발 여부를 조사할 것이다. 이때 중요한 사항은 보조의약품을 복용하는 사람이라면 그렇지 않은 사람보다 이미 건강에 대한 관심이 높을 가능성이 상당하다는 사실이다. 보조의약품을 꾸준히 복용하는 사람이라면 조금만 아프더라도 병원에 방문하여 특별한 병이 발생한 것은 아닌지 진단을 받을 것이고, 건강을 지키는데 관심이 많아서 TV에서나 책으로 의학정보를 수집하는데 적극적일 것이다. 따라서 보조의약품을 복용하는 사람만을 조사해서 보조의약품 복용이 질병유발을 감소시킨다는 결과를 도출하였더라도 표본선택편향으로 잘못된 결론에 도출된 결론일 수가 있다. 그러나 실제 분석단계에서 제시한 예시 같이 표본선택편향을 인지하기가 쉽지 않다. 그만큼 연구모형 설정이나 연구 기획에서 연구자의 깊은 사고가 요구되는 이유이다.

평균적 성향의 적군 : 아웃라이어

최소자승기법은 평균적 성향을 반영한 계량분석 방법임을 확인하였다. 그러나 측정 및 분석단계에서 평균적 성향을 반영하지 못하도록 방해하는 요소들만 존재하는 것이 아니라 자료 수준에서 평균적 성향을 위배시키는 현상도 종종 발생한다. 예를 들어 한국 기업을 대상으로 주가 분석을 실시할 경우, KOSPI 시가총액의 20%가량을 차지하는 삼성전자의 시가총액은 전체 기업의 평균적 영향을 상향 조정시키는 결과를 야기한다. 이는 시장 전반의 주가 성향이 아닌 삼성전자 한 기업의 주가 성향이 반영된 연구결과일수 있다는 말과 같다. 삼성전자의 예와 같이 정상적 분포에서 벗어나는 특이점을 계량경제학에서는 이상치(outliers)라고 칭한다.

이상치가 어떻게 평균적 성향의 왜곡을 유발하는지 다음의 그림으로 확인하자. Stata에서 제공하는 auto.dta자료에 (가격, 무게)의 조합이 (41000, 4613)와 (71000, 3900)인 임의의 이상치 조합을 생성하여 투입하였다. 그림에서 오른쪽 상단에 그려진 두 개의 점이 필자가 임의로 생성한 이상치에 해당한다. 이상치 조합을 투입하기 전 자동차의 무게와 자동차가격의 관계는 「without outliers」 선으로 추정되었으며, 투입한 후의 관계는 「with outliers」로 추정되었다. 두 추정선에서 확인할 수 있듯이 「with outliers」가 「without outliers」보다 상향 추정되었음을 확인 할 수 있다. 이는 필자가 임의로 투입한 두 관측치 (41000, 4613)와 (71000, 3900)가 전체적인 평균성향을 상승시켰기 때문이다.

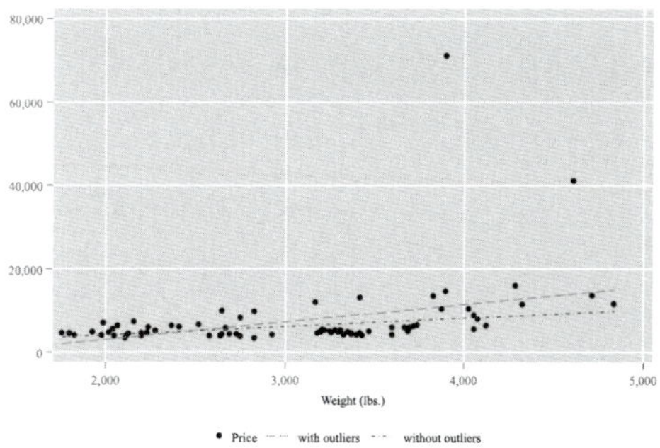

STATA 코드

```
sysuse auto, clear
set obs `=_N+2'
sum price weight
scatter price weight
replace price = 41000 in 75
replace weight = 4613 in 75
replace price = 71000 in 76
replace weight = 3900 in 76
gen target=1
replace target =0 in 75
replace target=0 in 76
twoway (scatter price weight) (lfit price ///
weight) (lfit price weight if target==1) ///
,legend( position(6))
```

이상치를 다루는 방법은 연구자 및 연구모형별로 상이하다. 이상치도 전체의 부분으로서 평균적 성향을 구하는데 활용해야 한다는 연구자가 있는 반면, 이상치는 특이점으로서 평균적 성향을 보여주는데 적합하지 않아(주가 시장에서 삼성전자와 같이) 이를 배제하고 분석을 실시해야 한다는 연구자도 있다. 분석단계에서 이상치 반영 여부와 별도로, 평균적 성향에 매몰되는 관측치의 특수성을 반영하기 위하여 분석 모형 자체를 변경하기도 한다. 자료의 최대값 최소값에서 극단적인 치우침이 발견되거나 평균값으로는 적절히 표본 성향을 반영한 분석을 실시할 수 없다고 판단될 경우 최소자승기법이나 이와 유사한 변형 모형 활용을 지양하고 분위회귀분석(quantile regression)을 수행하기도 한다. 하지만 안타깝게도 횡단면 자료를 활용한 분위회귀분석 알고리즘은 잘 구현된 반면 강건한 패널분위회귀분석툴은 아직 개발되어 있지 않은 상황이다.

모형설정의 오류(Model Mis-specification): 중요변수의 누락 VS 중요하지 않은 변수의 삽입, 어떤 것이 더 큰 문제일까?

계량경제학에서는 회귀분석의 모형 설정이 중요하다. 아무리 입수한 표본이 훌륭하고 정확하더라도 연구자가 설정한 모형이 오류를 포함하고 있으면 연구의 진전을 기대하기 어렵다. 이중 계량경제에서 설명하는 모형설정의 오류는 불편 모수(unbiased parameter)의 추정을 위한 오류에 한정한다. 이는 모형 자체를 적절히 설정하였는가는 계량경제학의 범위가 아니라 연구방법론의 범위이기 때문이다.

위에서 중요 변수가 모형에서 누락되어 오차항에 포함될 경우에 발생할 수 있는 문제를 보여주면서 오차항과 설명변수 사이에 공분산이 존재하지 않는다는 가정은 최소자승기법을 활용하기 위한 가정 중 하나라고 설명하였다. 더불어 제시한 가정을 모두 충족할 경우 OLS 추정량은 최소분산 불편추정량이 된다고도 설명하였다. 비록 필자가 여러분 앞에 앉아서 수학적으로 증명하지는 않았지만 과녁과 널빤지, 부채를 흔들면서 설명한 부분만 이해해도 해당 가정들이 충족되지 않는다면 OLS로 추정된 모수는 불편추정량이 될 수 없다는 사실을 직감할 수 있을 것이다.

내생성 가정에서도 설명하였듯이 중요 변수가 모형이 포함되어야 하는 이유는 그렇지 않은 경우 OLS 추정량에 편의가 발생해서다. 편의가 발생한다는 표현은 표본으로 추정한 모수 $\hat{\beta}$가 모집단에 존재하는 진정한 모수 β와 같다고 확증할 수 없다는 뜻이므로 아주 중요한 요건이 된다. 이는 우리가 추정한 모수들이 내가 수집한 자료에서만 나타나는 현상일 뿐 일반적으로는 받아들여질 수 없는 말과 같다.

중요변수의 누락과 더불어 고려해야 할 사항은 **중요하지 않은 변수**가 모형에 포함되는 현상이다. $y_i = \beta_0 + \beta_1 x_{1i} + e_i$로 충분한 모형이 있는데 중요하지 않은 변수 x_2가 포함된 $y_i = \beta_0 + \beta_1 x_{1i} + \beta_2 x_{2i} + e_i$가 모형으로 분석된다고 가정하자. x_2는 중요변수가 아니기에 통계적 유의성이 발현되지 않을 것이고, 당연히 β_2 자체는 문제가 되지 않는다. 관심사는 중요하지 않은 변수 x_2가 모형에 포함되어 발생하는 β_1에 미치는 영향이다. **다행이 계량경제학자들이 밝히기를 x_2의 삽입은 x_1의 모수 β_1의 불편성에는 영향을 미치지 않는다.** 그러나 불필요한 변수의 모형 삽입은 β_1**의 분산을 확대시켜 통계적 검증하는 과정에서** β_1**의 통계적 유의성을 사라지게 한다(**β_1**의 효과가 0과 다르다고 말할 수 없다) 나타나게 한다.** 즉, 필요 없는 변수의 삽입은 추정 불편성(estimation bias)에는 영향을 미치지 않지만 추정 모수의 통계적 유의성(statistical significance)에는 영향을 미친다. 얼핏 보기에는 중요변수의 누락만이 중요해 보일 수 있으나 무분별하게 중요하지 않은 변수(irrelevant variable)를 모형 삽입하는 행위도 모형설정오류를 야기할 수 있는 행위이다. 따라서 일단 누락변수에 의한 모형설정오류를 피하기 위해 일단 알고 있는 변수는 다 모형에 넣고 보자는 식의 접근 방식은 바람직하지 않다.

중요하지 않은 변수를 무리하게 모형에 포함시켰는지 확인하는 방법은 간단하다. 모든 통계패키지는 R^{2*}(R-squares) 값을 보고한다. R^2는 모형적합도(Goodness of Fit)를 판단할 수 있는 기준을 보여주는 기본적인 통계 결과이다. 하지만 R^2는 개념상 변수의 중요성을 따지지 않고,

특정 변수가 모형에 삽입되면 증가하는 특성을 갖고 있다. 이로 인하여 계량경제학자들은 $adjR^2$ (adjusted R-squares)를 도입하였는데, 본 지표는 추가 변수에 따라 가중치를 부여하여 추가된 변수 대비 설명력이 확대되었는지를 확인하여 통계치를 보여준다. 따라서 특정 변수를 모형에 삽입 및 삭제 과정을 거치면서 그때마다 R^2와 $adjR^2$의 변화를 확인하여 중요하지 않은 변수를 파악할 수 있다.

여기서 중요한 질문을 할 연구자가 있을 것이다. 그렇다면 "이 변수는 빼고, 이 변수는 넣고, 이렇게 저렇게 하다 보니, 결과적으로 본 모형이 제일 좋아서 사용하게 됐습니다"라고 논문에 쓸 수는 없지 않냐고. 모두가 동의할 수 있는 명확한 판단기준을 원하는 칸트와 같은 철저한 연구자를 위하여 Ramsey RESET(Regression Equation Specification Error Test)이라는 모형검증 방식이 있음을 알려준다. 그런데 해당 검증방식은 2차항(설명변수와 종속변수가 2차 함수의 관계가 존재하는지)이나 3차항(설명변수와 종속변수가 3차함수의 관계가 존재하는지) 누락을 중점으로 검증하는 방식이어서 한계는 여전하다.

계량경제학을 지지시키는 중요한 축: 대수의 법칙(LLN)과 중심극한정리(CLT)

필자에게 가장 중요한 계량경제학 개념 두 가지만 뽑으라면 대수의 법칙과 중심극한정리를 뽑을 것이다. 필자와 의견을 같이하는 계량경제학자들도 많으리라 생각한다. 만약 필자가 어느 대학의 대학원생 모집 심사관으로 참석해서 전공 배경 질문을 해야 한다면 둘 중에 하나의 개념을 이해하는지 물어볼 것이다. 확률이라는 수학 범위를 다루는 계량경제학자들이 최소자승법에 「BEST」라는 확신에 찬 용어를 사용하였듯이, 더불어 확신하는 개념이 「대수의 법칙(Law of Large Numbers)」이다. 학문에서 법칙이라는 용어를 사용한다는 사실은 해당 현상이 얼마나 확고한지를 보여주는 간접적 증명이라 할 수도 있다. 대수의 법칙은 확률론에서 나온 법칙으로, 모집단에서 추출된 표본 및 실험에서 계산한 평균은 표본수가 증가할수록 또는 실험이 증가할수록 모집단의 평균과 근사해 진다는 법칙이다. 다음 그림의 예에서도 우리나라 모집단의 평균 연령이 40살일 때, 표본이 적을 경우에는 추가되는 표본에 따라 평균 연령이 요동(fluctuation)을 보이지만, 축적 표본이 증가할수록 모집단의 평균에 근접해 지는 현상이 발견된다.

* R^2는 모형의 설명력을 나타내는 지표(goodness of fit)로 $0 \le R^2 \le 1$의 범위를 갖는다.

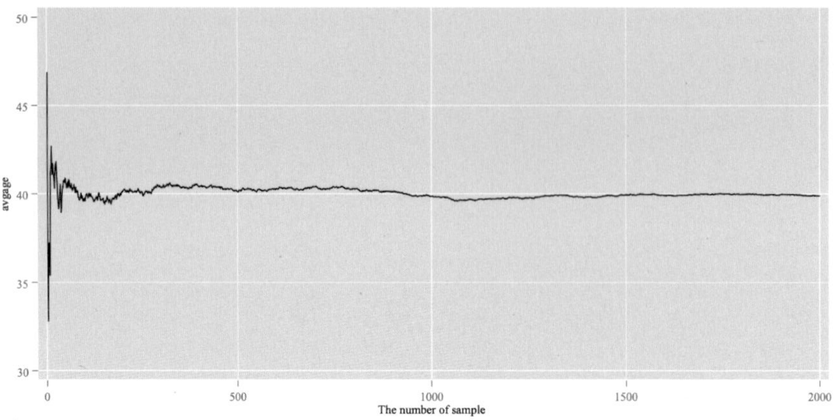

주) 만약 모집단의 평균연령이 40이면 대수의 법칙에 의하면 표본수를 늘릴수록 표본 평균도 40살에 가까워진다.

주사위를 던지는 예에서도 대수의 법칙을 발견할 수 있다. 주사위를 던질 때 각 눈이 나올 수 있는 확률은 각각 1/6이다. 처음 30번을 던져서 계산했을 때는 각 눈의 확률이 1/6이 되지 않을 수 있다. 주사위를 30번 던져서 각 눈의 발생확률이 정확히 1/6이 되려면 각 눈은 5번씩 나와야 하지만 결코 그렇게 나오지 않을 것이다. 그러나 주사위를 던지는 횟수를 거듭하여 30만 번의 주사위를 던졌을 경우 각 눈의 실제발생 확률은 아주 1/6에 근사해지는데 이는 대수의 법칙 때문이다. 이 법칙은 연구자가 충분히 큰 수의 표본을 수집한다면 표본의 평균은 모집단의 평균과 유사해진다는 사실을 의미하기에 계량경제학에서 중요하다. 만약 우리가 수집한 표본이 모집단과 근사해 진다는 근거가 없다면 우리는 계량경제학을 수행하는 정당성을 잃게 된다. 그러나 여기서 하나 강조할 것은 표본의 무작위 추출(Random Sampling)인 경우에 대수의 법칙이 적용된다는 점이다.

중심극한정리(Central Limit Theorem)는 더욱 심오한 의미를 갖고 있다. 어떤 사건의 기댓값(평균)과 분산이 유한하다면 **표본이나 실험을 확대할수록 사건의 발생확률은 정규분포**를 따른다는 이론이다. 해당 이론이 계량경제학이나 통계학 확률론에서 중요한 이유는 바로 **표본의 수가 충분히 크다면 모집단의 분포 성향과 상관없이 표본은 정규분포를 따른다**는 사실을 증명하였기 때문이다. 여기까지 이야기를 듣고 무릎을 치는 독자들은 이 이론의 중요성을 충분히 이해했으리라 본다. 예를 들어보자. 우리나라의 연령별 인구를 모두 조사한 모집단의 분포가 다음 그림의 좌측과 같다고 하자. 모집단의 본포는 정규분포를 따르지 않고 있다. 그러나 연구자들이 조사를 위해서 표본을 수집할 경우 표본의 크기가 충분히 크다면 표본의 평균은 모집단의 평균과 동일한 59를 갖는 정규분포의 표본을 수집할 수 있다는 이론이다.

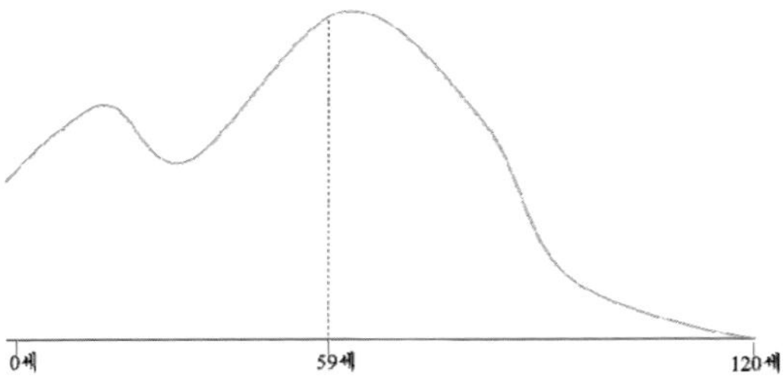

모집단의 분포와 평균

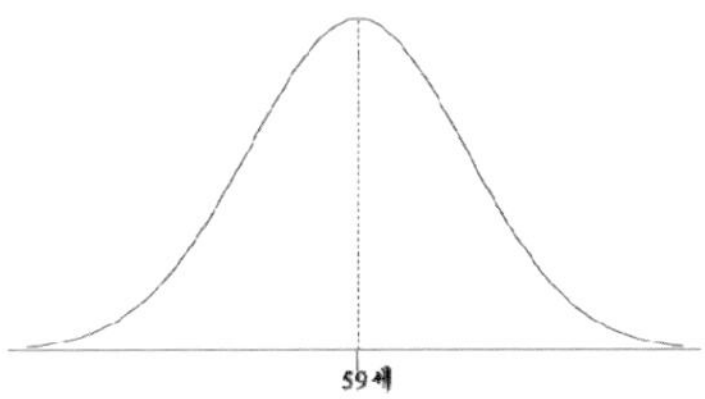

표본 집단의 분포와 평균

극한중심이론의 중요성은 가설검증의 이론적 근거를 제공한다는 점이다. 가설검증은 확률분포를 정규분포로 가정하고 설명하는데 만약 표본의 확률분포가 정규분포를 따르지 않는다면 우리는 가설검증의 정당성을 주장할 수 없게 된다. 다시 말하면 모든 계량분석은 극한중심이론에서 출발한다고 해도 과언이 아닐 것이다. 이제 왜 필자가 대수의 법칙과 극한중심이론을 가장 중요한 이론적 배경으로 선별했는지 조금이나마 이해했으리라 본다. 극한중심이론과 대수의 법칙은 대표본(large sample) 상황에서 표본의 특성을 설명하였다는 특징이 유사하지만 극한중심이론은 표본의 분포에 대한 이론이라면 대수의 법칙은 표본의 모집단 모수와 연계성에 대한 이론이라는 점에서 차이가 있다.

PART 2
자료 준비

CHAPTER 01

Stata 1분 자기소개 스피치

- Stata 인터페이스
- Stata가 대화하는 방법 : 명령어 문법

Stata 인터페이스

필자는 애플 맥컴퓨터를 사용하기에 OSX버전으로 Stata를 설명하도록 한다. 다소의 인터페이스는 차이가 있지만 기본적으로 윈도우형 Stata와 OSX형 Stata는 기능상 차이가 없을 뿐만 아니라 우리는 풀다운 메뉴를 활용하기보다는 명령어 자체를 뽑는 방식으로 공부를 진행할 예정이기에 큰 문제가 되지 않는다. 초기설정을 변경하지 않았다면 Stata를 실행시키면 아래와 같이 총 5개의 창을 볼 수 있다. 가운데 위치한 창(E)이 명령어를 실행시키면 결과를 보여주는 창이다. Stata는 명령어를 입력하는 방법이 SPSS와 유사하게 메뉴에서 필요한 명령어를 클릭하여 실행하는 방식인 Point-and-Click 방식과 명령어 구조를 충족시킨 명령어 구문을 직접입력 방식으로 나뉜다. 창(D)은 명령어를 직접 입력하여 실행시킬 수 있는 명령어 입력창이다.

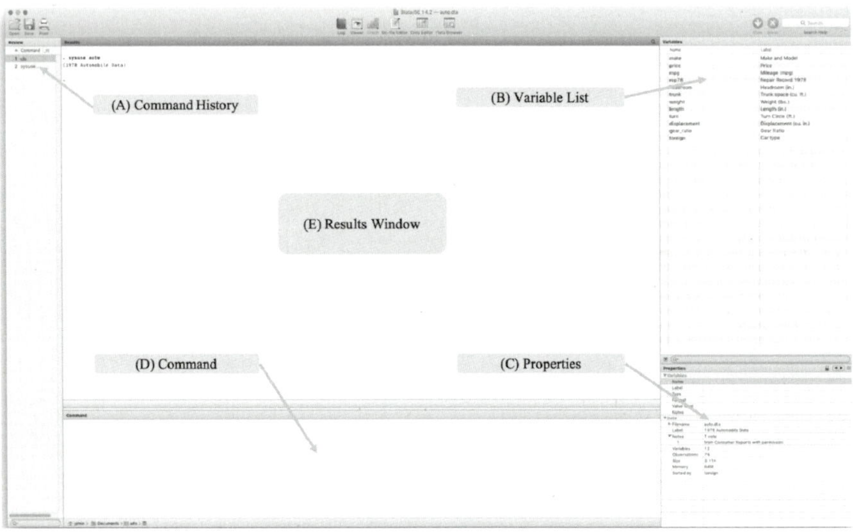

STATA 코드

```
sysuse auto
```

Stata는 기본적으로 명령어 입력방식이기 때문에 Point-and-Click 방식으로 명령어를 선택하더라도 동일한 명령어가 명령어 창에 자동으로 작성되어 실행된다. 예를 들어 메뉴를 활용하여 변수를 삭제하는 상황을 가정해보자. 명령어 창에 edit라는 명령어나 edit 아이콘 을 클릭하면 editing창이 열린다. price라는 변수를 삭제하고 싶으면 마우스 포인트를 price변수 위에 올려놓고 마우스 오른쪽 버튼을 클릭하면 pull-down메뉴가 나타나는데 이중 Data를 다시 클릭하면 하위 메뉴가 나타난다. 하위 메뉴 중에 "Drop selected data"를 클릭하면 price 변수가 데이터셋에서 삭제되는데, 결과창을 보면 동일하게 "drop price"라는 명령어가 실행되었음을 확인할 수 있다. 즉, 풀다운메뉴를 활용하여 명령어를 실행하더라도 실제로는 해당 명령어를 command창에 입력한 효과와 동일하다.

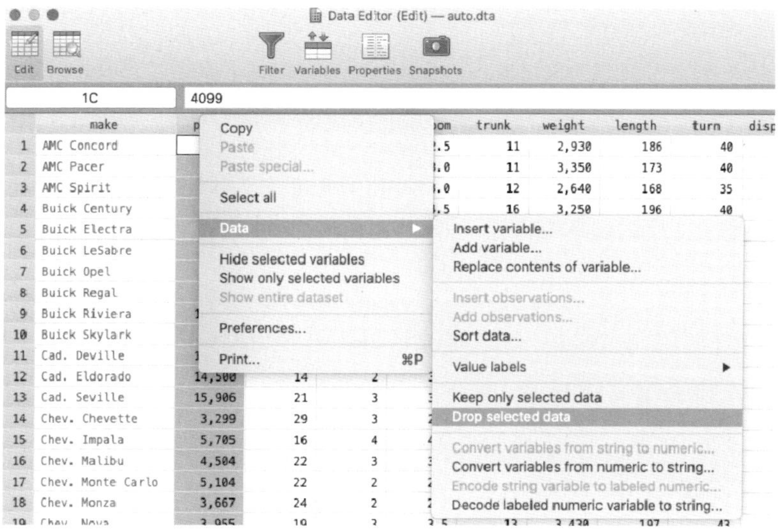

Results

```
. sysuse auto
(1978 Automobile Data)

. drop price
```

좌측에 위치한 창(A)은 사용자가 이전에 사용한 명령어 이력(history)을 보여준다. 명령어를 직접 입력할 경우 동일한 명령어를 다시 입력하고 싶으면 해당 이력창에서 명령어를 찾아 명령어 창에 복사해서 실행하거나 이미 수행된 명령어를 더블클릭하여 다시 실행할 수 있다. 오른쪽 위에 있는 창(B)은 **현재 메모리에 로딩된** 데이터셋의 변수들을 보여준다. 특히, 창(B)의 왼쪽에는 변수명을, 오른쪽에는 변수를 식별할 수 있는 설명(Label)을 보여준다. 마지막으로 오른쪽 하단에 위치한 창(C)은 변수와 데이터셋 자체의 속성을 보여준다. 만약 사용자가 변수 창(B)에서 특정 변수를 선택하면 창(C)의 「Properties」에서 선택된 변수의 이름과 변수형태 등을 확인할 수 있으며 해당 특성(Properties)들을 수정할 수 있다. 「Properties」 창 하단에는 데이터셋의 특성과 파일크기, 메모리에서 차지하는 공간 등도 확인할 수 있다.

명령어창에 browse를 입력하거나 Stata화면 상단에 있는 「DATA Editor(Browse)」를 클릭하면 사용자가 메모리에 로딩한 자료를 아래 그림과 같이 확인할 수 있다. 「DATA Editor(Browse)」에 나오는 아이콘들은 학습하는 과정에서 사용하지 않고, 명령어 입력 방식으로 직접 습득하도록 한다. 상단 중앙에는 Editor 와 Browser 아이콘이 있는데 Browser는 자료를 창에서 직접 수정할 수 없고 열람 및 확인만 가능한 뷰어이며, Editor는 엑셀과 유사하게 에디터 창에서 직접 자료를 수정할 수 있는 기능을 제공한다. 하지만 연구윤리를 아는 학생이라면 Editor창에서 직접 자료를 수정할 경우는 거의 없을 것이라는 것을 직감적으로 알고 있을 것이다. Editor창을 통해서 개별 데이터를 임의로 수정하는 작업은 수집된 자료를 임의로 조정함을 의미한다. **필자는 그렇게 오랜 시간동안 Stata를 사용해 왔지만 Editor창에서 직접 자료를 수정한 적은 한 번도 없다.**

더불어 엑셀과 유사하게 특정 변수의 특정 관측치를 클릭하면 클릭한 위치의 셀이름과 보유된 값을 보여준다. 예를 들어, 3번째 관측치인 "AMC Spirit"의 trunk값을 클릭하면 trunk[3] ==12 라고 나타나 trunk 변수의 세 번째 관측치에 저장된 12를 확인할 수 있다. 또한 Editor창의 가장 왼쪽 column에는 관측치번호가 표시된다.

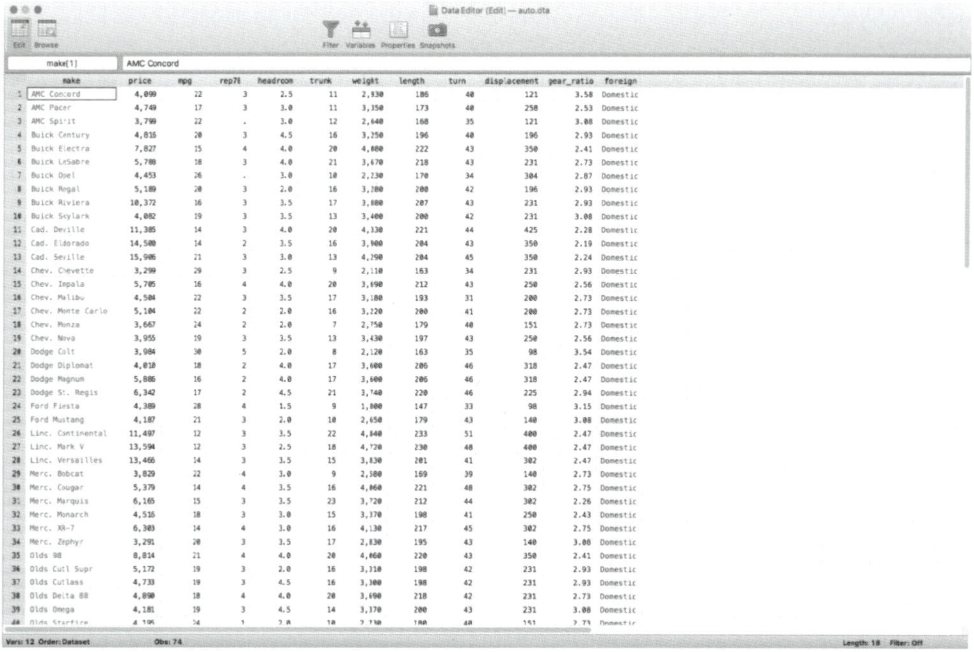

STATA 코드

```
sysuse auto
browse
```

editor 창을 보면서 Stata 개발자의 다양한 색감에 감탄만 하고 있었다면 필자가 조금 실망이다. 빨간색, 검정색, 파란색으로 표시된 자료는 특별한 의미가 있다. 빨간색으로 표시된 변수는 문자형(string) 변수로 연산이 불가능한 변수인 반면 검정색과 파란색으로 표시된 변수는 연산이 가능한 변수이다. 여기서 명심해야 할 사항은 파란색으로 표시된 변수는 숫자 변수이지만 레이블화(labeling)된 명목변수라는 점이다. 즉, 우리가 점검하고 있는 auto라는 데이터셋에서 “foreign” 변수는 비록 editor창에서 문자 형태로 보이지만 domestic은 0으로, foreign은 1로 별명이 붙어 있는 변수이다. 별명은 붙이는 사람 마음에 달려있듯이, 필히 현재 데이터셋처럼 domestic이 0으로, foreign이 1로 할당될 당위성은 없다. 이는 명목변수의 특징이기도한데 사용자가 임의로 해당 사항을 변경할 수 있는 질적 변수가 된다.

그런데 foreign 변수에 저장된 0과 1에 별명을 붙이라고 한다면 필자도 데이터셋과 동일하게

domestic과 foreign으로 별명을 붙였을 것이다. 이는 별명을 붙일 때(레이블링 할 때) 꼭 그럴 필요는 없지만 명목변수를 코딩하는 일반적인 규칙이 있다는 뜻이다. 그 묵시적인 규칙은 **분석의 대상이 되는 상태를 보통 1로 설정**한다는 사실이다. 위의 예에서 domestic을 0으로, foreign을 1로 설정하면 분석과정에서 domestic 대비 foreign의 효과를 확인하고자 하는 연구자의 의도를 우리는 볼 수 있다. 이와 유사하게 성별을 분석대상으로 설정할 경우 대부분 여성이 갖고 있는 특수성을 분석하는 목적이 일반적이다. 따라서 여성(female)은 1로, 남성(male)은 0으로 설정한다. 이는 컴퓨터 프로그래밍과도 관련있다. 변수를 구성할 때 SEX로 변수명을 생성하여 1은 남성, 2는 여성으로 할당하면 "~대비"의 효과를 판단하기 힘들다. 그래서 분석의 대상을 대표할 수 있는 이름으로 변수명을 작성하고 해당 관측치가 분석의 대상이면 컴퓨터 프로그래밍에서 TRUE에 해당하는 1을 할당하고, FALSE에 해당하는 0을 할당한다. 특별히 숫자변수를 레이블링하는 이유는 순전히 연구자의 데이터 가독력을 위한 것으로, 어떠한 변수가 0과 1 또는 1, 2, 3 등으로 질적 변수로 구성될 경우 해당 값이 의미하는 바가 모호해지는 상황을 방지하기 위함이다.

Stata가 대화하는 방법 : 명령어 문법

모든 프로그래밍 언어가 그렇듯이 Stata도 디버거(명령어를 해석해서 컴퓨터에 전달하는 주체)를 통해 컴퓨터와 의사소통을 해야 한다. 컴퓨터 언어가 인간의 언어와 수용성 면에서 다른 점은 인간의 언어는 이를 이해하는 주체가 휴리스틱(Heuristic)*을 발휘하여 다소의 문법적 파괴가 발생하더라도 이를 이해할 수 있지만 컴퓨터 언어는 다르다. 일단 정해진 문법이 있으면 연구자는 이를 정확히 구사해야지만 컴퓨터와 의사소통이 가능하다. 이를 명령어 문법구조(syntax)라고 불리는데, 이로 인하여 컴퓨터 언어를 처음 공부하거나 Stata, R, SAS와 같이 명령어입력 방식의 통계패키지를 처음 접하는 사람들이 어려움을 겪는다. 다소 위안이 되는 사실은 Stata는 C 및 C++과 유사한 문법구조를 갖고 있기에 기존 프로그래밍 언어에 익숙한 사람이라면 Stata의 문법구조를 익히는데 손쉽다. 정말 다소 위안이 된다. 그런데 더욱 위안이 되는 점은 필자도 자주 사용하는 명령어가 아니라면 명령어 실행 전 문법구조를 확인한다는 사실이다. 언제나 문법구조를 확

* 주어진 상황에 맞게 신속히 어림짐작으로 이해하는 인간의 능력

인하는 습관을 들일 필요가 있다.

STATA 코드

```
help summarize
```

```
Title

    [R] summarize — Summary statistics

Syntax

        summarize [varlist] [if] [in] [weight] [, options]

    options           Description
    ---------------------------------------------------------------------------
    Main
      detail          display additional statistics
      meanonly        suppress the display; calculate only the mean; programmer's option
      format          use variable's display format
      separator(#)    draw separator line after every # variables; default is separator(5)
      display_options control spacing, line width, and base and empty cells

    ---------------------------------------------------------------------------
    varlist may contain factor variables; see fvvarlist.
    varlist may contain time-series operators; see tsvarlist.
    by, rolling, and statsby are allowed; see prefix.

    aweights, fweights, and iweights are allowed.  However, iweights may not be used with the detail option; see weight.

Menu

    Statistics > Summaries, tables, and tests > Summary and descriptive statistics > Summary statistics

Description

    summarize calculates and displays a variety of univariate summary statistics.  If no varlist is specified, summary statistics are
    calculated for all the variables in the dataset.
```

명령어 별로 문법구조를 확인하는 방법은, 확인하고자 하는 명령어 앞에 help를 추가하여 명령어창에 입력하면 된다. 우선 summarize라는 명령어의 문법구조를 파악해보자. help summarize를 command창에 입력하여 엔터를 누르면, 별도의 창이 열린다. 문서에는 상단에 summarize라는 명령어가 수행하는 기능을 간략하게 설명하고(title 부분), 본격적으로 문법구조를 설명한다. 기본적으로는 Stata의 모든 명령어는 "명령어+변수명+옵션(선택사항)"의 조합을 이룬다. 하지만 위에서 언급한 바와 같이 각 명령어별로 사용해야 하는 정확한 문법구조도 다를 뿐만 아니라 옵션도 상이하기에 자주 사용하는 명령어는 개별 문법구조를 외우는 수밖에 없다. 이는 누군가 영어를 유창하게 말하기 위해서는 영어의 다양한 문법뿐만 아니라 단어를 수없이 외워서 본인 것으로 만든 후에야 자유자재로 활용할 수 있는 개념과 동일하다. 암기 없이 계량분석 능력이 확대될 수 있다는 기대는 하지 말자.

Stata의 기본적 명령어 구조: **명령어 변수명, 옵션**

summarize의 문법구조를 다시 살펴보면 summarize라는 명령어 두 알파벳에 밑줄이 그어진 것을 확인할 수 있다. 이는 summarize라는 명령어를 모두 입력할 필요 없이 su만 입력하여도 Stata는 명령어를 식별할 수 있다는 뜻이다. help의 유용함은 마지막 즈음에 해당 명령어를 어떻게 사용해야 하는지 예시(Examples)를 제시한다는 점이다. 절대 잊지 말자. 우리는 Stata와 대화하는 방법을 익히는 중이다. Stata의 언어를 **우리가** 이해하지 못한다면 Stata는 절대 우리를 이해하려 하지 않을 것이다.

CHAPTER 02

지피지기면 백전백승 : 카피하려는 논문을 알자

- 코드카피 대상 논문
- 카피논문의 사용한 식재료 : 변수확인

코드카피 대상 논문

분석 코드카피가 비교적 용이한 자료구조는 횡단면자료, 시계열자료, 패널자료 중 횡단면자료일 것이다. 시계열을 포함한 자료는 시계열 안정성을 확보하는 과정이 어려울 뿐만 아니라 시계열 안정성이 확보되지 않는 경우 자료의 특성에 따라 선택해야할 계량경제모형의 폭이 넓기 때문이다. 따라서 본 책에서는 횡단면자료를 활용하는 논문을 우선적 대상으로 코드카피를 수행하도록 한다. 본 논문에서 분석코드를 카피할 논문은 Tang, Linghui와 Koveos, Peter가 2008년에 경영분야 최고 학술지 중 하나인 JIBS(Journal of International Business Studies)에 게재한 논문이다*.

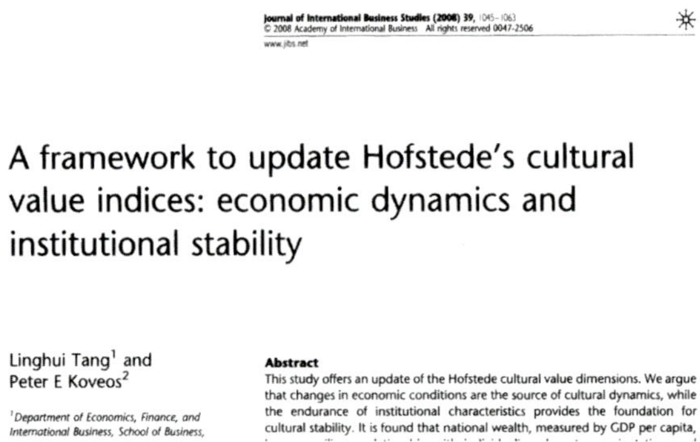
Journal of International Business Studies (2008) 39, 1045–1063
© 2008 Academy of International Business All rights reserved 0047-2506
www.jibs.net

A framework to update Hofstede's cultural value indices: economic dynamics and institutional stability

Linghui Tang[1] and
Peter E Koveos[2]

[1]Department of Economics, Finance, and International Business, School of Business,

Abstract
This study offers an update of the Hofstede cultural value dimensions. We argue that changes in economic conditions are the source of cultural dynamics, while the endurance of institutional characteristics provides the foundation for cultural stability. It is found that national wealth, measured by GDP per capita,

경영학을 전공하거나 전공하는 사람이라면 잘 알겠지만 국제경영분야에서 비교경영은 주요 연구 분야 중 하나로 본 연구 분야의 중심에 거트 홉스테드(Geert Hofstede)가 시작한 문화의 계량화가 있다. 홉스테드는 1970년대 국제기업인 IBM에 근무하면서 국가수준의 문화를 권력거리(power distance), 개인주의(Individualism), 남성성(Masculinity), 및 불확실성 회피성향(Uncertainty Avoidance)으로 나누어 설명하였다. 이후 아시아 특유의 문화특징을 반영하여 장기지향성(Long term orientation)과 관용(Indulgence)을 추가하였지만 지난 수십 년간 앞서 언급한 4대 지표를 중심으로 비교경영분야에서 활발히 활용되었다.

그러나 문화의 시간 불변성을 확신하는 홉스테드와 대조적으로 문화는 시간에 따라 변화되며

---

* Tang, L., & Koveos, P. E. (2008), "A framework to update Hofstede's cultural valueindices: economic dynamics and institutional stability", *Journal of International Business Studies*, 39:1045-1063

이에 상응하도록 문화 수준을 재측정해야 한다는 GLOBE 연구진 간의 대논쟁이 2006년 JIBS에서 진행되었다. 마치 래퍼가 거리에서 랩으로 전쟁을 하듯, 홉스테드 옹호자와 GLOBE 옹호자들은 경영분야 최고학술지라는 경기장에서 논문과 아이디어로 자신들의 이론이 더 설명력이 있음을 제시하는 베틀에 붙었다.

이 후 2008년 Tang, Linghui와 Koveos, Peter는 홉스테드의 의견을 존중하면서 문화척도를 갱신할 수 있는 혁신적인 방안을 제시하였다. 그들은 경제발전 단계와 홉스테드의 문화척도가 상당한 상관관계에 있다는 사실을 발견하고, 이로부터 국가들이 경제가 발전하면서 맞이하게 될 변화된 홉스테드 척도를 계산하였다. 비록 홉스테드 자신의 신념과 배척되기는 하였지만, 홉스테드 지표를 존중하는 방향으로 진행된 연구로 인하여 홉스테드의 지원을 받아 JIBS에서 게재되고, 해당 접근방식(경제발전과 문화척도의 상관관계를 통한 홉스테드 문화척도 갱신방안 제안)은 세상에 알려지게 되었다. 물론 해당 논문의 혁신적 아이디어로 JIBS에 게재되었으나 기본적인 아이디어는 비교적 간단하여 횡단면자료를 통한 계량분석을 공부하기에 좋은 자료가 된다. 횡단면분석편에는 Tang & Koveos(2008)의 논문에서 활용된 분석코드를 뽑아보도록 한다.

카피논문의 사용한 식재료 : 변수확인

본격적으로 논문의 분석코드를 카피 전에 해당 논문에서 사용하고 있는 변수를 확인해보자. 우리는 원천연구자(Tang & Koveos)가 연구를 착수하게 된 동기부터, 자료의 수집, 정리(cleaning), 계량분석방법을 그대로 모방하는 바가 목적이기에 먼저 원천 논문에서 사용한 변수를 먼저 확인하자. 보통 계량분석 논문은 기술통계분석에서 실증분석에 활용한 전체 변수에 대한 특성 및 상관관계를 보여준다. 만약 그렇지 않다면 해당 논문을 작성한 연구자는 숨기고 싶은 자료의 비밀이 있다고 해석해도 충분하다.

기본적으로 해당 논문은 갱신된 홉스테드 문화척도의 추정이 목적이므로 홉스테드 문화척도를 우선적으로 입수해야 한다. 추가적으로 아래의 표와 같이 국가별 1인당 GDP, 인력시장에서 여성의 비율, 지배적인 민족구성 여부, 해당 국가가 사용하는 언어, 종교, 일반법 존재 여부, 기후조건 등을 조사하였다.

Table 3 Correlation matrix

	1	2	3	4	5	6	7	8	9	10	11	12	13	14	15
1. Log GDP per capita	1.00														
2. % of female in labor force	0.29*	1.00													
3. Dummy of dominant ethnic group	0.34*	0.47**	1.00												
4. Dummy of English	0.27†	0.24†	0.18	1.00											
5. Dummy of Spanish	−0.22	−0.66**	−0.30*	−0.27†	1.00										
6. Dummy of German	0.28†	0.25†	−0.01	−0.12	−0.16	1.00									
7. Dummy of Confucianism	0.09	0.14	0.20	−0.13	−0.18	−0.08	1.00								
8. Dummy of Catholic	0.06	−0.47**	−0.29*	−0.24†	0.58**	0.25†	−0.31*	1.00							
9. Dummy of Protestant	0.48**	0.47**	0.33*	0.45**	−0.39**	0.21	−0.03	−0.39**	1.00						
10. Dummy of Muslim	−0.49**	−0.11	−0.36**	−0.15	−0.21	−0.09	−0.10	−0.36**	−0.22	1.00					
11. Dummy of common law	−0.06	0.30*	0.16	0.66**	−0.41**	−0.17	0.12	−0.52**	0.16	0.06	1.00				
12. Dummy of tropical climate	−0.60**	−0.16	−0.26†	−0.16	0.33*	−0.17	−0.03	0.07	−0.31*	0.08	0.06	1.00			
13. Dummy of subtropical climate	0.03	−0.27†	0.12	−0.23	0.26†	−0.13	0.03	0.29*	−0.33*	−0.17	−0.24†	−0.33*	1.00		
14. Dummy of continental climate	0.40**	0.41**	0.21	0.21	−0.29*	0.10	0.24†	−0.29*	0.40**	−0.16	0.02	−0.31*	−0.25†	1.00	
15. Dummy of desert climate	−0.22	−0.17	−0.15	−0.00	−0.09	−0.10	−0.11	−0.27†	−0.10	0.49**	0.15	−0.24†	−0.19	−0.18	1.00

†p<0.10; *p<0.05; **p<0.01.

주) 자료출처 Tang & Koveos(2008). p.1053

홉스테드 문화척도는 그가 구축한 홈페이지에서 다운로드할 수 있으나 엑셀로 정형화되어 있지 않기에 하징교수(Anne-Will Harzing)의 홈페이지에서 다운받도록 하자. 인력시장에서의 여성 비율과 1인당 GDP는 세계은행에서 획득이 가능하다. 인종, 기후, 등의 자료는 국가별로 통합된 자료를 제공하는 인터넷 정보제공자가 없으므로 CIA factbook에 방문하여 연구자가 일일이 코딩하는 수밖에 없다. 그러나 다행인 것은 우리가 조사하고자 하는 관측치가 그렇게 방대하지 않다는 사실이다. 우리는 국가단위 분석을 수행중이니 아무리 관측치가 많아도 300개를 넘지 않을 것이다. 정말 다행이다.

변　　수	출　　처
홉스테드	www.harzing.com/download/hgindices.xls
경　　제	http://databank.worldbank.org/data/reports.aspx?source=world-development-indicators
기후/종교	https://www.cia.gov/library/publications/resources/the-world-factbook
종　　교	http://www.thearda.com/Archive/Files/Downloads/WRPNATL_DL2.asp
언　　어	http://data.un.org/Data.aspx?d=POP&f=tableCode:27

이제 원천 자료의 위치도 알았고 다운로드도 받았으니(필자는 이후 분석에 활용될 통합 파일만 제공할 예정이어서 귀찮더라도 직접 자료를 다운받아서 다음의 작업을 진행해 보기 바란다. 이러한 하나하나의 과정 중에 마주하는 문제와 손수 찾아내는 해결 방안이 나중에 자신에게 큰 자산이 될 것을 확신한다), 엑셀자료로 저장된 홉스테드 문화척도를 Stata데이터 파일로 전환하는 방법을

알아보자.

일단 엑셀자료를 Stata로 불러오기 전에 자료를 정리해야 한다. 아래서 확인하겠지만 Stata에서 자료를 불러오는 명령어는 import인데 자료의 첫 행은 변수명으로 받아들일 수 있다. 그런데 우리의 엑셀자료에는 변수명 위에 다른 텍스트자료가 있을 뿐만 아니라 자료의 하단에는 주석이 있어, 그대로 Stata로 불러들인다면 주석도 데이터로 불러들이게 된다. 따라서 첫째 행은 변수명(변수명도 간략하게 하겠다)으로 통일해주고, 두 번째 행부터 자료가 들어가도록 편집할 뿐만 아니라 하단의 주석을 삭제해 준다. 동일하게 세계은행에서도 엑셀로 자료를 다운로드하면 대부분 하단에 주석이 첨부되어 있어 이를 정리할 필요가 있다.

	Scores for the Hofstede IBM study (Hofstede, 2001)							Assertiveness*		Institutional Collectivism*	
Countries	**Additional notes Hofstede**	**Power Distance***	**Uncertainty Avoidance***	**Individualism (vs. Collectivism)***	**Masculinity (vs. Femininity)***	**Long/Short-term Orientation***	**Additional notes GLOBE**	**Practices**	**Values**	**Practices**	**Values**
Albania								4.57	4.39	4.28	4.3
Arabic countries	(Region)	80	68	38	53						
Argentina		49	86	46	56			4.18	3.18	3.66	5.29
Australia	total (a)	36	51	90	61	31					
Australia								4.29	3.83	4.31	4.47
Austrialia	Aborigines (e)	80	128	89	22	-10					
Austria	(for LTO: EMS consumer survey)	11	70	55	79	31		4.59	2.85	4.34	4.78
Bangladesh	(estimated)	80	60	20	55	40					
Belgium	consumer survey)(a)	65	94	75	54	38					
Belgium	Dutch speakers (a)	61	97	78	43						
Belgium/French speakers	French speakers (a)	67	93	72	60						
Yugoslavia/Slovenia	(Ljubljana)(c)	71	88	27	19						
Zambia								4	4.24	4.41	4.55
Zimbabwe								4.04	4.6	4.08	4.84

a=based on IBM survey data
b=see also Kopper (1993)
c=based on reanalysis of IBM survey data (Hofstede, 1993)
d=based on Hofstede's interpretation of Rokeach Value Survey scores collected by McCarrey, Edwards, and Jones (1978); of work goal importance scores collected by Jain, Normand, and Kanungo (1979); IDV based on regression from data collected by Lambert and Klineberg (1967); and observations by Dr. Christoph Barmeyer (personal communication, 1999)
e=Based on oberservations of Dr. Ray Simonsen, Victoria Unversitz, Darwin (personal communciations, 1998)

* Higher scores indicate higher levels of this dimension
** Response bias corrected scores for societal cultural scales (House et. al., 2004)

For further details and interpretation of these two seminal studies as well as a review of other cross-cultural research, please refer to these two very comprehensive books:
Hofstede, G. (2001) Culture's Consequences: Comparing Values, Behaviors, Institutions, and Organizations Across Nations, London: Sage
House, R.J.; Hanges, P.J.' Javidan, M.; Dorfman, P.W.; Gupta, V. (2004) Culture, Leadership, and Organiza-tions, The Globe Study of 62 Societies, Thousand Oaks: Sage

References
Hofstede, G. (1993) Images of Europe (Valedictory address) Maastricht, the Netherlands: Maastricht University, Faculty of Economics and Business
Kopper (1993) Swiss and Germans: Similarities and differences in work-related values, attitudes, and behavior, International Journal of Intercultural Relations, vol. 17, pp. 167-184.
McCarrey, M.W.; Edwards, S.; Jones, R. (1978) Personal values of Canadian Anglophone and Francophone employees and ethnolinguistic group membership, sex, and position level, Jou
Jain, H.C.; Normand, J.; Kanungo, R.N. (1979) Job motivation of Canadian Anglophone and Francophone hospital employees, Canadian Journal of Behavioral Science, vol. 11, pp. 160-16
Lambert, W.E.; Klineberg, O. (1967) Children's views of foreign peoples: A cross-national study, New York: Appleton-Century-Crofts.

자료를 Stata로 불러오는 과정에서 입문자들이 자주 범하는 오류가 데이터 클리닝을 하지 않는데서 온다. 실습 중심의 강의를 진행하다보면 필자가 지시한 자료 계산이 되지 않는다고 불평하는 학생들을 종종 마주하게 된다. 실습생 컴퓨터에서 확인하면 모든 데이터가 빨갛다. "모든 데이터가 다 빨갛다"라는 말이 아주 웃긴 대목인데, 독자가 분명 웃었기를 바란다. "모든 데이터가 다 빨갛다"라는 말은 Stata가 모든 데이터를 문자형으로 읽어드렸고, 그렇기에 필자가 추가로 제시한 변수 계산에서 오류가 발생한 것이다. 만약 엑셀의 특정 열에 숫자가 아닌 문자가 포함되어 있다면 Stata는 그 엑셀 변수 전체를 문자열로 받아들인다.

홉스테드 문화지표가 저장된 엑셀을 Stata로 불러들이기 위하여 다음과 같이 깔끔하게 정리가 끝났다. 이제 해당 파일을 Stata로 불러오자.

	Scores for the Hofstede IBM study (Hofstede, 2001)				
Countries	notes	PDI	UAI	IND	MAS
Albania					
Arabic countries	(Region)	80	68	38	53
Argentina		49	86	46	56
Australia	total (a)	36	51	90	61
Australia					
Austrialia	Aborigines (e)	80	128	89	22

CHAPTER 03

식재료를 잘 다루는 요리사가 음식도 잘한다 : 자료관리

- 외부파일 불러오기
- 자료형식(Data Type) 재방문
- 연산자(Operators)
- 조건문 : 만약에~ (if), ~에서 (in)
- 관측치와 변수의 삭제
- 자료중복 확인
- 자료위치 네비게이션
- 데이터셋 저장 및 메모리 로딩

외부파일 불러오기

엑셀파일과 같이 dta이외의 외부파일을 Stata로 불러오는 명령어는 import이다. import와 같은 명령어는 분석 중 자주 활용하는 명령어가 아니기도 하고 파일위치 설정이 작성방식으로는 수월하지 않아 필자는 Pull-down 메뉴를 활용하는 방식을 선호한다. pull-down메뉴에서 import는 「file-import」에 위치한다. 해당 위치에 마우스 포인트를 위치시키면 그림과 같이 import의 하위 메뉴를 보여준다. Stata는 기본적으로 엑셀자료, tab을 포함한 단락 표시자로 자료가 구분된 텍스트 파일(CSV), SAS 파일등을 불러올 수 있다. 각종 데이터베이스에서는 자료의 규모가 작을 경우 엑셀로 자료를 제공하지만 용량이 클 경우 CSV파일로 자료를 제공하여 엑셀과 텍스트 양식의 파일을 불러오는 경우가 대부분이다. 우리는 홉스테드 문화척도를 엑셀로 다운로드 받았기에 첫 번째 옵션 「Excel spreadsheet」을 선택한다.

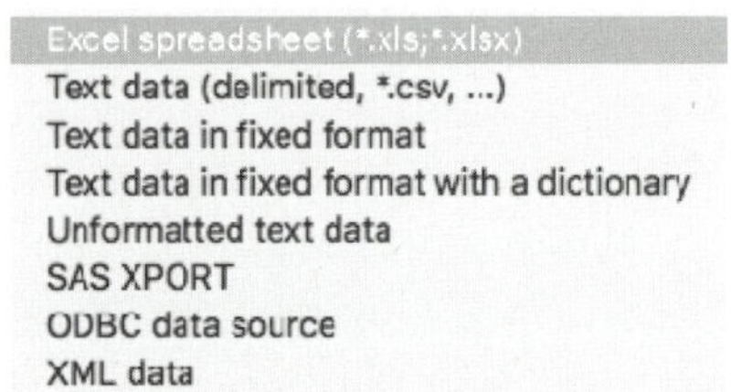

선택하면 아래 그림 좌측과 같은 다이얼로그 박스가 나타난다. 이후 과정은 기타 편집프로그램들이 사용하는 방식과 유사하게 Browse를 선택하여 이전 홉스테드 문화척도를 저장해 놓은 위치에서 엑셀파일을 선택하면 된다. 엑셀 파일을 선택하면 다음 오른쪽 그림처럼 자료는 Stata 메모리로 로딩하기 이전 상태를 보여준다. 만약 우리가 불러오려는 자료가 엑셀의 두 번째 장에 위치한다면 worksheet을 변경하여 위치를 조정해야 한다.

미리보기(preview)에서 불러오고자 하는 자료가 우리가 예상했던 바와 다소 다른 것을 확인할 수 있다. 우리의 엑셀 파일 첫 행은 변수명이 저장되어 있어서 이를 그대로 Stata 변수명으로 지정하고 싶지만 현재는 첫 번째 행도 변수값으로 인식하고 있다. 따라서 첫 번째 줄은 변수명이라고 Stata에 알려야 하는데, 이 때 사용하는 옵션이 “Import first row as variable names”이다.

본 옵션을 체크한 후 OK를 누르면 아래 그림의 오른쪽 변수창에 우리가 로딩한 변수명이 적혀지고, Properties 창에서도 64M의 용량을 차지한다고 보여 자료가 메모리에 정상적으로 업로드된 것을 확인할 수 있다.

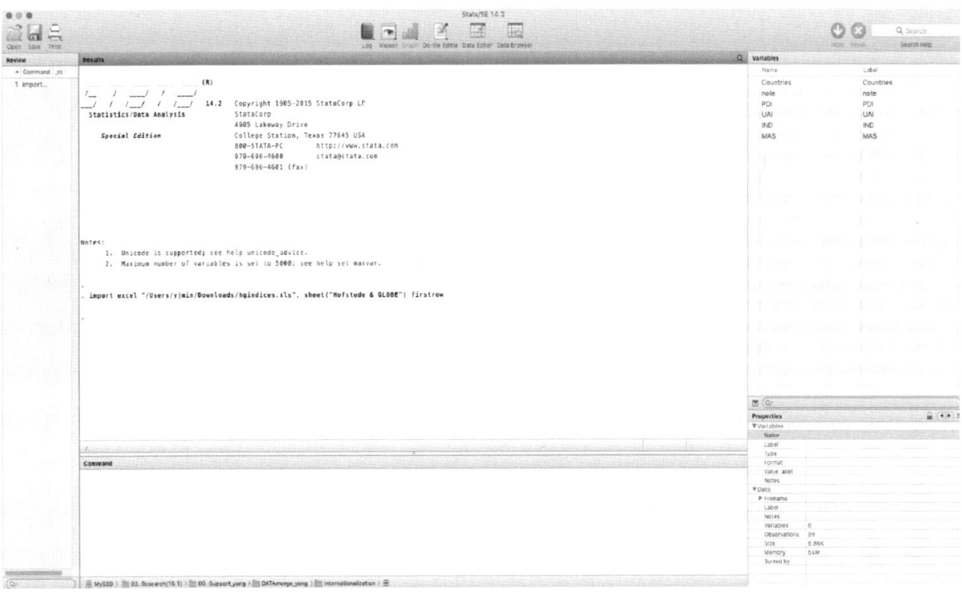

앞서 Stata는 비록 pull-down 메뉴에서 point-and-click 방식으로 명령어를 수행하더라도 명령어 창에서 수행한 것과 동일한 효과를 낸다고 설명하였다. 이는 결과창을 보면 확인할 수 있다. 결과창에는 우리가 [*import 자료소스 자료위치*, *sheet의 위치 첫줄이 변수명인지 여부*]로 명령어를 수행한 것으로 나타나 이를 통해서 import의 명령구문을 이해할 수도 있다. 해당 명령문을 입력하면 특별히 풀다운 메뉴가 아니어도 자료를 Stata로 불러올 수 있다는 뜻과 같다. 해당 명령문 구조(syntax)를 명확히 확인하기 위해서 help import excel를 수행하면 import excel의 구조를 확인할 수 있다.

STATA 코드

```
. import excel "~/hgindices.xls", sheet("Hofstede & GLOBE") firstrow
. import 자료소스 자료위치, sheet의 위치 첫줄이 변수명인지 여부
```

불러온 자료를 눈으로 확인해보고 싶은 생각이 들지 않는가? 그렇다면 browser나 editor를 사용해야 한다. 위에서 이를 확인하는 방법은 Stata 상단에 있는 아이콘을 활용할 수 있다고 설명하였지만, 이제 부터 모든 명령어는 명령어창에 입력하는 방식으로 진행할 테니 명령어 창에 browse* 라고 입력하고 엔터를 입력해 본다. 자료형식을 설명하면서 Stata의 자료는 숫자, 문자, 레이블된 숫자만 존재한다고 설명하였다. Countries와 Note변수는 문자로 입력되었고, PDI~MAS 자료는 숫자로 표기된 것을 확인 할 수 있다. 그런데 PDI의 첫 번째 관측치와 두 번째 관측치가 수치가 들어있지 않고 점(·)으로 표시되어 있다. 이는 UAI~MAS 모두 마찬가지이다.

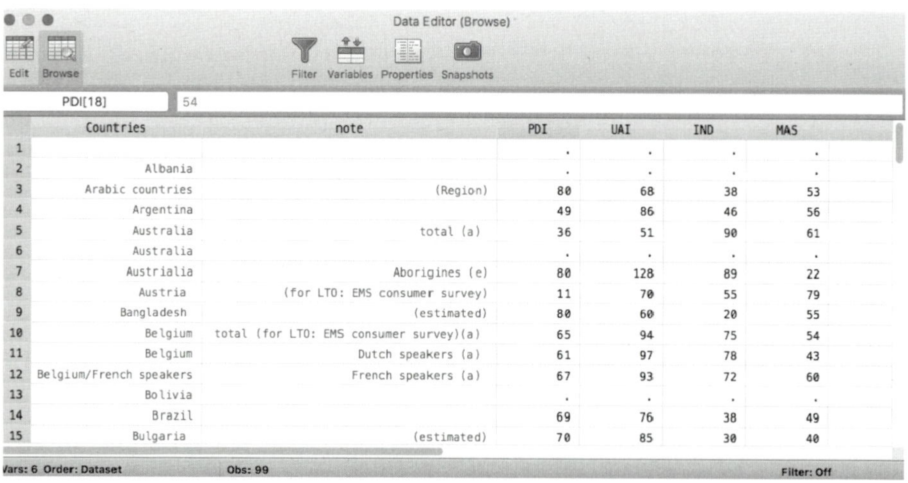

	Countries	note	PDI	UAI	IND	MAS
1			.	.	.	.
2	Albania		.	.	.	.
3	Arabic countries	(Region)	80	68	38	53
4	Argentina		49	86	46	56
5	Australia	total (a)	36	51	90	61
6	Australia		.	.	.	.
7	Austrialia	Aborigines (e)	80	128	89	22
8	Austria	(for LTO: EMS consumer survey)	11	70	55	79
9	Bangladesh	(estimated)	80	60	20	55
10	Belgium	total (for LTO: EMS consumer survey)(a)	65	94	75	54
11	Belgium	Dutch speakers (a)	61	97	78	43
12	Belgium/French speakers	French speakers (a)	67	93	72	60
13	Bolivia		.	.	.	.
14	Brazil		69	76	38	49
15	Bulgaria	(estimated)	70	85	30	40

* 앞으로 특별히 점검할 사항이 존재하지 않는 한 위에서 밝힌 바와 같이 editor창은 사용하지 않는다.

자료형식(Data Type) 재방문

일단 점(·)으로 표시된 자료도 검은색으로 표시된 것을 보니 Stata는 이를 숫자로 인식한다는 감이 잡힌다. Stata에서 점(·)으로 표시된 자료는 누락자료(missing value)를 의미한다. 즉 Albania의 PDI, UAI, IND와 MAS는 값이 없어 누락된 자료라는 뜻이다. Stata에서 누락자료를 할당하는 방법은 누락자료에 아주, 아주! 많이 큰 값을 할당한다. 이는 Stata가 일관성을 갖고 자료를 관리하고자 하는 이유에서 기인한다. Stata는 하나의 변수가 문자변수이건, 숫자변수이건, 레이블화된 숫자변수이건, 어느 하나의 형식으로만 허용하지 문자와 숫자가 혼합된 형태를 허용하지 않는다. 만약 누락자료를 " "와 같이 빈칸으로 놓아둔다면 이는 문자열이 되기 때문에 Stata는 이를 허용할 수 없다. 따라서 어찌되었건 Stata는 숫자변수의 누락을 숫자로 표현할 수밖에 없게 된다. 결론적으로 Stata는 누락된 관측치를 표기할 때 숫자를 사용하되 일반적인 분석에서는 사용되지 않는 아주 큰 수를 할당하고, 보이기에는 점(·)처럼 보이게 하는 방식을 취하였다.

누락자료가 실제로는 누락이 아니고 아주 큰 수가 할당되어 있다는 사실은 Stata를 사용하는 연구자들이 주의를 기울여야 할 대목이다. 예를 들어 **PDI가 30보다 큰 관측치만(사용자 설정 조건) A변수와 B변수를 더하고 PDI가 30보다 작은 경우(다른 사용자 설정 조건)**에는 A변수에서 B변수를 빼는 연산을 수행한다고 생각해 보자. 누락자료는 실제로는 아주 큰 숫자가 할당된 관측치라고 하였으니 "PDI가 30보다 클 때"라는 조건에는 PDI가 누락자료인 경우도 포함하게 된다. 물론 Stata는 일반적인 연산에서는 누락자료를 포함하지 않고 연산한다. 즉, PDI가 누락이고 UAI가 30일 때 PDI와 UAI를 더하라고 하면 더해진 관측치는 누락으로 생성된다. 그러나 위에서 설명한 조건문과 같이 사용자가 일정 조건을 부과하여 연산을 수행할 경우 Stata는 연구자의 의도를 파악할 수 없어 이를 무조건 연산해서 결과를 보여준다. 조건문에 따른 누락자료의 취급 상 주의사항은 이후 조건문을 공부한 후 더 깊이 알아보도록 하자.

이와 더불어 Stata에서 숫자로 표기되는 특수한 경우가 있다. 바로 날짜 변수다. 본 자료는 Stata에서 기본적으로 제공하는 시계열 자료인 dow1.dta를 메모리에 로딩하여(명령어는 webuse dow1) browser로 확인한 그림이다. 다음 그림에서 date변수는 "02jan1953"와 같이 숫자와 문자가 섞인 형태이지만 검은색으로 표기되어 있다. 검은색은 연산 가능한 숫자 형식라고 언급한 바와 같이 date변수는 숫자로 연산 가능한 변수이다. 엄밀하게 이야기하면 날짜변수는 사용자에게 날짜를 편하게 식별시키기 위해 살짝 조정한 형태이다. 1960년 1월 1일을 기준일(day 0)로, 1월 2일은 제1일, 3일은 제2일로 숫자가 저장되어 있다. 다만 그렇게 표기되면 너무 머리가 좋아 숫자만 보고 오늘 날짜를 계산할 수 있는 사용자가 아닌 이상 일자를 직관적으로 식별하는데 어려움이 있어 판별하기 용이한 형식으로 변환하여 보여주는 것이다. 이는 날짜가 표기되는 형식이 꼭 "02jan1999"와 같을 필요는 없음을 알려준다. 경우에 따라서는 "january 2, 1999"와 같이 표기할 수도 있고, "1999/01/02"와 같이 표기할 수도 있다. 날짜를 특별히 연산을 통해 관리해야 하는 경우는 99.999% 시계열 자료에서 발생하므로 본 책에서는 날짜표기 방법 변경에 대해서는 자세히 설명하지 않겠다.

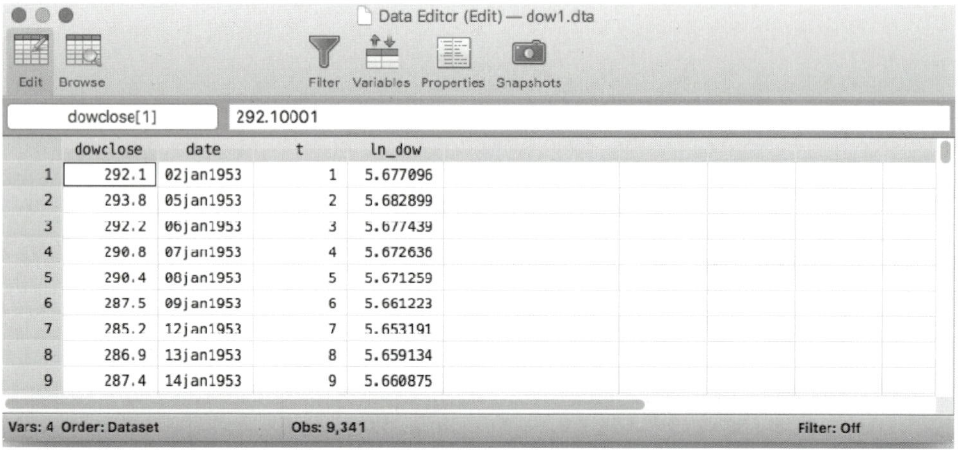

연산자(Operators)

Stata에서 활용하는 연산자는 산술연산자(Arithmetic Operators), 문자열 연산자(String Operators), 관계연산자(relational Operators)와 논리연산자(Logical Operators)로 나뉜다. 산술연산자는 일반적인 사칙연산을 포함한 산술연산 규칙을 따른다. (−)는 빼기의 의미도 있지만, 음의 부호의 역할도 한다. 일반적인 컴퓨터 프로그램 언어와 같이 ^는 거듭제곱(power)의 의미로 x^2는 x의 제곱을, x^3은 x의 세제곱을 의미한다. 문자는 숫자와 달리 연산을 할 수 없다고 설명하였지만 연산자를 사용할 수 있는 경우도 있다. 필자는 교육 시 질문을 자주하고, 질문의 답을 알려주지 않고 생각하는 시간도 자주 갖는다. 독자도 잠시 시간을 갖고 어떠한 경우가 있을지 생각해 보자. (잠시 시간이 흐른 뒤) 일예로 두 문자열을 합치는 경우가 있을 수 있는데 이럴 경우 +가 사용되고, *은 문자열을 반복할 때 사용할 수 있다. "Hello" + "World"*를 연산시켜 특정 변수에 저장하면 변수에는 "HelloWorld"가 저장되고 "Hello"*3를 계산하면 변수에는 "HelloHelloHello"가 저장된다.

관계연산자도 일반적으로 우리가 알고 있는 관계연산 규칙을 따르지만 주의해야 할 것은 「크거나 같다」나 「작거나 같다」를 표현할 때 "="표시가 "크다" 또는 "작다" 표시 이후에 나타나야 한다는 사실이다. 즉 「크거나 같다」는 ">="로 표기되어야지 "=>"로 표기되어서는 안 된다. 더불어 다른 프로그래밍 언어와 마찬가지로 "같다"를 표시할 때 "="을 두 번 사용하여 「==」와 같이 표시해야 한다. 이는 C언어 및 일반적인 프로그래밍 언어에서 "="는 같다는 의미가 아니라 값을 할당하는 연산자로 사용되는 방식과 동일하다. 또한 관계연산자에서 같지 않다는 "!="로 표현하고 "~="도 가능하다.

산술연산자	문자열 연산자	관계연산자	논리연산자
+ 더하기 - 빼기 * 곱하기 / 나누기 ^ 거듭제곱	+ 문자 합 * 문자 반복	> 크다 < 작다 >= 크거나 같다 <= 작거나 같다 == 같다 != 같지 않다	& and | or ! not

참고로 문자열을 참조하거나 할당할 때는 큰따옴표("")로 지정해야 한다. 만약 변수 x에 Hello라는 문자를 넣고 싶으면 x에 "Hello"라는 문자를 넣으라고 명령해야 한다. 이는 문자열과 Stata 내부 명령어를 Stata에게 혼돈 시키지 않기 위해서이다. Stata가 일종의 컴퓨터 언어인데 스스로가 갖고 있는 명령어를 모를 수 있나는 의문이 생길 수 있지만, Stata는 Stata Corporation에서 제공하는 기본 명령어 이외에도 사용자가 직접 명령어를 제작할 수 있을 뿐만 아니라 다른 사용자가 제작한 명령어를 자유롭게 다운로드 받아서 사용할 수 있도록 해놓았다. 따라서 지정한 문자가 문자열인지 명령어인지를 구분하기 위하여 문자열 사용 시 꼭 따옴표로 표시한다.

* 큰따옴표("")로 묶는 방식은 컴퓨터 프로그래밍에서 문자열을 지칭/표기하는 일반적 방식이다.

조건문 : 만약에~ (if), ~에서 (in)

연산자를 미리 알아본 이유는 조건문을 사용하기 위함이다. 조건문은 명령어 다음에 오는 부수적 명령어 조합으로 일정 조건을 만족할 때 명령문을 수행하라고 한정하는 구문이다. Stata에서 대표적인 조건문은 「if」구문과 「in」구문이 있다. Stata의 「if」에 대한 syntax는 다음의 예시에서 확인해보자. 아직까지는 list라는 명령어와 regress라는 명령어가 정확히 무엇인지는 알 수 없으나 (2)번 줄에서 확인할 수 있는 사항은 "만약 연비가 25를 초과하는 경우에 (if mpg>25) 자동차제조사(make)와 연비(mpg)를 listing하라" 정도로 해석할 수 있다. (5)번 줄에서는 "제조사가 외국기업인 경우에(if foreign==1) 연비의 결정요인으로서 자동차 무게와 연료통 사이즈(displ)로 회구분석(regress)해라"로 해석할 수 있다. 여기서 displ 변수의 본래의 변수명(full name)은 displacement인데 Stata는 변수를 구분할 수 있는 최소 알파벳만 사용하여도 변수를 구분할 수 있다는 사실을 본 예로 알 수 있다.

STATA 코드

```
. sysuse auto
. list make mpg if mpg>25
. list make mpg if mpg>25 & mpg<30
. list make mpg if mpg>25 & mpg<10
. regress mpg weigh displ if foreign==1
```

「if」 조건문과 유사하지만 「in」은 데이터셋에서 관측치의 범위를 특정 하는데 사용된다. 아래의 예에서 (2)번 줄은 10번째 위치한(in 10) price변수의 관측치를 list하라는 명령어이고, (4)번 줄은 10번째부터 마지막까지(l) 위치한(in 10/l) price 변수의 관측치를 list하라는 조건문을 동반한 명령어이다. 이처럼 조건문은 연산자의 조합으로 연구자가 원하는 연산을 자유롭게 수행 할 수 있도록 해준다.

STATA 코드

```
. sysuse auto
. list price in 10
. list price in 10/20
. list price in 20/l
. list price in 1/10
. list price in f/10
. list price in -10/l
```

관측치와 변수의 삭제

우리가 엑셀자료를 Stata로 불러오기 전에 어느 정도 자료를 정리하였는데도 자료가 그렇게 깨끗해 보이지 않는다(아래 그림). 위에서 자료를 불러오기 전에 엑셀자료를 정리한 것은 자료를 불러오는 과정에서 오류가 발생할 가능성을 축소하기 위한 최소한의 조치라, 원자료를 Stata로 불러온 후에도 자료를 점검하고 불필요한 항목을 제거하는 과정을 필히 거쳐야 한다. 우리가 불러온 자료의 첫 번째 관측치(1열)은 실제 자료가 아니고 엑셀에서 빈칸으로 불러져서 자료가 존재하지 않는다. 또한 우리는 국가만 비교할 계획이지만 실제 자료에는 Arabic countries와 같이 국가가 아닌 지역(region)자료도 있고, 벨기에(Belgium)도 독일어 사용 벨기에, 프랑스 사용 벨기에로 나뉘어 중복자료도 존재한다. 본 장에서는 불필요한 자료를 삭제하는 방법에 대하여 알아본다.

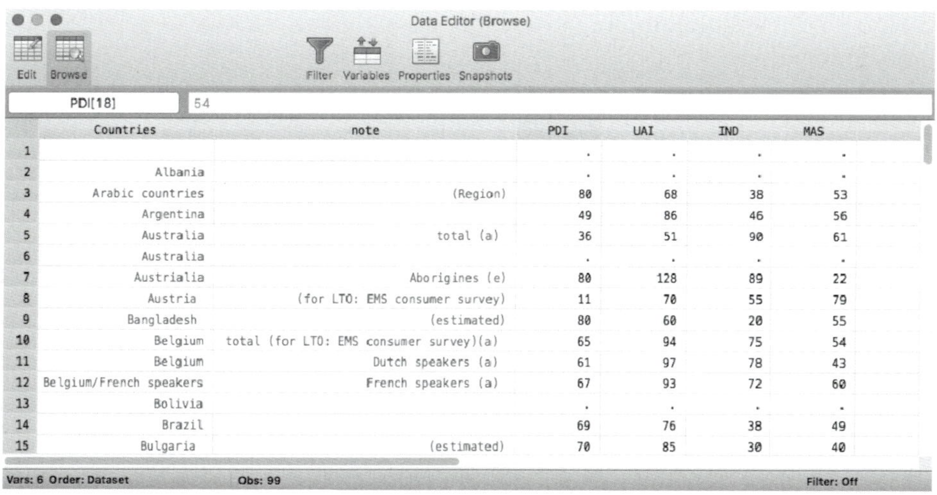

	Countries	note	PDI	UAI	IND	MAS
1			.	.	.	.
2	Albania		.	.	.	.
3	Arabic countries	(Region)	80	68	38	53
4	Argentina		49	86	46	56
5	Australia	total (a)	36	51	90	61
6	Australia		.	.	.	.
7	Austrialia	Aborigines (e)	80	128	89	22
8	Austria	(for LTO: EMS consumer survey)	11	70	55	79
9	Bangladesh	(estimated)	80	60	20	55
10	Belgium	total (for LTO: EMS consumer survey)(a)	65	94	75	54
11	Belgium	Dutch speakers (a)	61	97	78	43
12	Belgium/French speakers	French speakers (a)	67	93	72	60
13	Bolivia		.	.	.	.
14	Brazil		69	76	38	49
15	Bulgaria	(estimated)	70	85	30	40

일단 국가 중 (Region)이라고 표기된 지역자료는 필요 없기에 자료에서 삭제해야 한다. 이때 조건문을 활용할 수 있다. 우리가 수행해야 할 명령어를 글로 표현하면 다음과 같다.

만약 note변수가 region이라면 해당 관측치를 삭제하라

"**만약 note 변수가 region이라면**"은 위에서 공부한 조건문과 연산자를 활용하여 작성할 수 있다. 여기서 주의할 것은 (Region)은 문자열 변수이기 때문에 큰따옴표로 이를 지정해 줘야한다는 사실과, 우리가 실제 지우려고 하는 값은 "Region"이 아니라 "(Region)"이라는 사실이다. 그래서 글로 표현한 문장을 조건문 Stata 코드로 변환하면 다음과 같이 된다.

```
if note=="(Region)"
```

다음으로 확인할 사항은 "**해당 관측치를 삭제하라**" 이다. drop 명령어의 문법(syntax)에서 "drop variables or observations"로 확인할 수 있듯이 관측치와 변수 등을 삭제할 수 있는 명령어는 drop이라는 명령어다. 해당 명령어는 명령어 뒤에 변수가 따라오면 변수를 삭제하고, 이를 명시하지 않으면 조건이 부여된 관측치가 삭제된다. 우리는 관측치를 삭제하는 것이 목적이므로 단순히 drop만 사용하면 된다. 따라서 우리가 수행하려는 "***만약 note변수가 region이라면 해당 관측치를 삭제하라***"의 전체 명령어 조합은 다음과 같이 된다.

```
. drop if note=="(Region)"
```

명령어가 적절히 수행됐다면 별도의 에러코드 없이 수행되고, 다음과 같은 결과를 결과창에 보여준다. 만약 명령어를 잘못 적었거나 문법에서 어긋난다면 Stata는 붉은 색으로 에러코드를 반환한다. 결과를 browser에서 확인하면 note변수에서 "(Region)"을 포함한 관측치가 삭제된 것을 확인할 수 있다.

```
. drop if note=="(Region)"
(3 observations deleted)
```

이제 조금 익숙해 졌으니 자료를 더 정리해 보자. 다른 논문에서는 그러하지 않을 수 있지만 우리가 코드카피하려는 논문은 기존 PDI, UAI, IND 및 MAS로 새로운 변수를 도출하고자하므로 사실 상 기존 변수에서 누락값이 있는 관측치는 필요하지 않다(1번 작업). 또한 국가별로 중복된 나라가 존재하는데 이를 제거할 필요가 있다(2번 작업). 첫 번째 작업의 명령어는 4개의 변수(PDI, UAI, IND, MAS) 값이 동시에 누락인 경우에 관측치를 삭제하라는 명령어이고, 두 번째 작업은 browser창에서 육안으로 note변수에서 total이외의 값을 가진 관측치의 번호를 확인하여 중복자료를 삭제해 주는 명령어이다. 본 자료는 국가의 수가 비교적 작기에 각각의 관측치 위치를 확인하여 삭제하였는데, 관측치가 많아질 경우 이를 일일이 삭제하지 않고 일괄적으로 사용하는 방법이 편리하다. 그러나 아직까지 일괄 삭제를 위해 활용해야 하는 split과 tag 명령어를 배우지 않은 상황이라 현재까지 공부한 명령어로만 삭제를 진행하였다. 그리고 관측치의 삭제는 자료의 하단부터 삭제하였는데(73번부터 75번 삭제하고, 62부터 63번 삭제하고 등등), 만약 상단부터 삭제하면 삭제된 관측치의 위치에 밑의 관측치가 올라와 위치를 다시 확인해야 하는 번거로움이 있어 하단부터 삭제하였다.

노파심에서 두 가지만 추가하고 본 장을 마무리하도록 하겠다. 문장의 앞부분에 "*"를 추가하면 Stata는 그 문장 전체를 주석(작성자의 편의를 위해 작성해 놓은 설명문)으로 인식하고, 명령문으로 인식하지 않는다. 그래서 아래 코드를 복사해서 그대로 명령어창에 붙여 넣어도 "* 1번 작업"은 명령문으로는 인식하지 못하고, 그대로 결과창에 뿌려준다. 더불어 필자가 명령어 예시를 보일 때 "."으로 시작하는 구문으로 작성하였는데, 이는 결과창에 보이는 출력을 그대로 보여주기 위함이다. 그래서 ". drop if PDI==.& UAI==. & IND==. & MAS==."로 보인 구문에서 실제 명령어 부분은 "drop if PDI==.& UAI==. & IND==. & MAS==."이다.

```
* 1번 작업
. drop if PDI==.& UAI==. & IND==. & MAS==.

* 2번 작업
. drop in 73/75
. drop in 62/63
. drop in 12
. drop in 7
. drop note
```

자료중복 확인

현재까지 자료의 정비는 끝났다. 이제 Countries변수에 포함된 국가들이 혹시 중복이 있는지 확인할 단계다. 물론 우리의 자료는 관측치가 많지 않아 browser를 열어 육안으로 관측치를 확인할 수 있으나 관측치를 직접 건드린다는 점에서나, 우리가 관측치가 이렇게 적은 경우를 자주 마주하는 것이 아니라는 점에서 직접 삭제를 지양하고 명령어를 활용하여 중복을 확인하는 방법을 배우도록 하겠다.

자료의 중복을 확인하는 방법은 크게 duplicates 명령어와 egen 명령어에서 tag함수를 사용하는 방법으로 나뉜다. tag함수는 egen이라는 명령어를 추가적으로 공부해야 하니 지금은 단일 명령어 구조인 duplicate 명령어로 중복자료를 삭제해 보자. duplicates는 기본적으로 중복자료를 보고(report), 이를 표시(tag), 삭제(drop)하는 기능을 제공한다. report기능은 단순 보고에 그쳐 우리에게는 유용하지 않고, drop기능은 연구자가 중복자료를 확인하기도 전에 자료를 삭제하기에 바람직하지 않다. 따라서 우리는 중복자료가 확인되면 새로운 변수를 생성하는 기능을 활용하는데, 이에 해당하는 명령어가 duplicates tag(이는 egen의 tag함수와 유사)이다.

duplicates syntax

```
Title
    [D] duplicates -- Report, tag, or drop duplicate observations

Syntax
    Report duplicates
        duplicates report [varlist] [if] [in]

    List one example for each group of duplicates
        duplicates examples [varlist] [if] [in] [, options]

    List all duplicates
        duplicates list [varlist] [if] [in] [, options]

    Tag duplicates
        duplicates tag [varlist] [if] [in] , generate(newvar)

    Drop duplicates
        duplicates drop [if] [in]
        duplicates drop varlist [if] [in] , force
```

모든 변수에 대하여 중복을 확인하고 싶다면 해당 명령어 뒤에 변수명을 삽입하지 않아도 되지만 우리는 Countries변수의 중복이 발생하는지 알고 싶어 duplicates tag Countries로 시작한다. 옵션의 generate는 만약 중복이 발생하면 발생 여부를 알 수 있는 변수를 생성하라는 옵션이며, 괄호 안에 지정된 변수명으로 생성된다. 우리는 중복이 발생하면 dup_test라는 변수에 저장하기로 하고 다음과 같이 명령어 구문을 완성한다.

```
. duplicates tag Countries, generate(dup_test)
```

중복 검사를 위해 생성한 변수가 어떤 값을 갖고 있는지 확인해 보자. summarize 명령어는 변수의 관측치수, 평균, 분산, 최대값 및 최소값 등의 기술통계(summary statistics)를 보고하는 명령어이다. 기술통계는 자료의 특성을 파악할 수 있는 기초적인 자료로서 논문을 작성할 때 자료의 출처를 설명하고 본격적인 회귀분석을 수행하기 전 꼭 보고해야 하는 통계자료다. syntax에서 확인할 수 있듯이 **su**mmarize는 su만으로도 충분히 명령어 수행이 가능하다. duplicates tag는 중복이 발생하지 않으면 변수를 생성하여 0을 삽입하고, 만약 중복이 발생하면 원 값을 제외한 중복횟수를 저장한다. 생성한 변수 dup_test는 0으로 채워져 있어 국가이름의 중복이 발생하지 않았음이 확인되었다. 이제 dup_test의 유용성은 다했으니 삭제하도록 한다.

```
. su dup_test

    Variable |        Obs        Mean    Std. Dev.       Min        Max
-------------+---------------------------------------------------------
    dup_test |         68           0           0          0          0
. drop dup_test
```

자료위치 네비게이션

Stata에서는 폴더(디렉토리)의 위치를 이동하면서 작업공간을 변경할 수 있다. 이때 사용하는 명령어는 기본적으로 윈도우즈 도입 이전의 DOS의 명령체계와 유사하다. 윈도우 OS가 도입되기 이전 DOS 운영체제에서는 자료를 보관하는 폴더가 디렉토리(directory)라고 불렸다. Stata 네비게이션 명령에서도 디렉토리라는 용어가 그대로 사용된다.

네비게이션 명령어	작업공간 정의
dir 현재 작업공간 내 파일 디스플레이 pwd 현재 작업공간의 위치 디스플레이 cd 작업공간의 이동	... 루트 작업공간 .. 현재 작업공간의 1단계 상위 공간 . 현재 작업공간

프로그램 및 OS 등 모든 컴퓨터 언어는 작업공간을 tree로 구조화한다. 이는 나무가 가지를 뻗어 나가듯이 작업공간을 관리하는 방식에서 유래되었다. 만약 아래 그림과 같이 하드디스크의 작업공간이 설정되어 있고 현재 위치한 공간이 「min」디렉토리라고 가정해 보자. 「min」에서 상위 디렉토리인 statadata로 올라가기 위해서는 cd(change directory) 명령어를 사용한다. cd 명령어는 이동하려는 디렉토리를 명시해야 하지만 개별 디렉토리(directory)의 부모 디렉토리(parent directory)는 언제나 하나이고, 명확하기에 상위로 올라가는 노드(node)의 명칭을 지칭할 필요가 없다. 바로 직전 상위 디렉토리로 올라가기 위해서는 작업공간 정의에서 확인한 바와 같이 "cd .."로 표현하면 된다. 그런데 하위 디렉토리는 복수가 가능하기에 하위로 움직이기 위해서는 언제나 움직이고자 하는 디렉토리의 명칭을 필히 지정해야 한다. 만약 현재 위치가 dataset인데 자녀 디렉토리인 statadata로 움직이고 싶으면 "cd statadata"라고 지칭해야 한다. 만약 직접 연관된 부모(parent)와 자녀(child) 관계가 아닌 별도의 특정 위치로 움직이고 싶으면 전체 경로(path)를 지정해야 하는데, 예를 들어 「mydoc」인 현재 위치에서 「min」으로 바로 움직이고 싶다면 "cd c:\root\dataset\statadata\min"와 같이 지정해야 한다. 그런데 언제나 말로 하는 표현도 여러 가지가 존재하듯이 해당 경우를 다른 방법으로 차근차근 갈 수도 있다. 즉, mydoc에서 root로 이동 후, dataset으로 이동하고, 다시 statadata에서 min으로 이동해도 전체 경로를 표기하여 이동하는 방법과 동일하지만 명령어를 4번 실행해야 하는 번거로움이 있다.

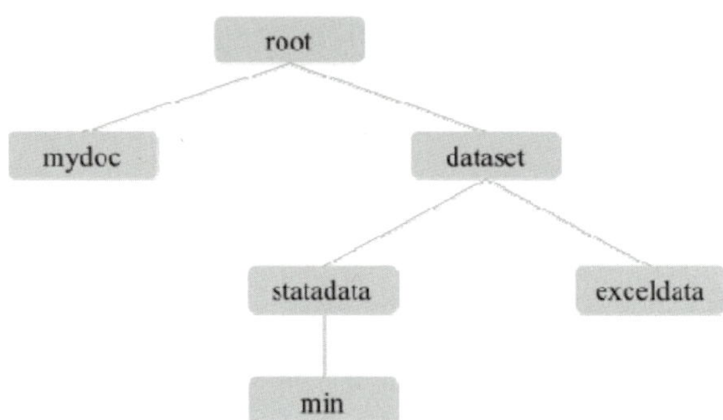

현재 작업공간을 확인하는 명령어는 pwd(print working directory)이고, 현재 작업공간에 존재하는 파일을 파악하는 명령어는 dir이다. 그러나 필자의 경험상 일단 작업공간을 설정하면 다른 연구를 수행하기까지 작업공간이 변경되는 일은 그리 흔하지 않다. 이 말은 cd 명령어를 사용할 건수가 그리 많지 않다는 뜻이 된다. 그러나 최초 Stata를 구동시킨 후 작업공간을 한번 지정할 필요는 있는데 이를 물론 지금 학습한 내용으로 설정할 수 있지만 pull-down 메뉴를 활용하는 편이 간편하다. "working directory" 설정은 file 메뉴 밑에 file-Change Working Directory에 존재한다. 이를 선택하면 다음과 같은 dialog box가 나타나는데 다른 어플리케이션에서 파일을 불러올 때와 마찬가지로 자신이 설정하고 싶은 위치를 지정할 수 있다.

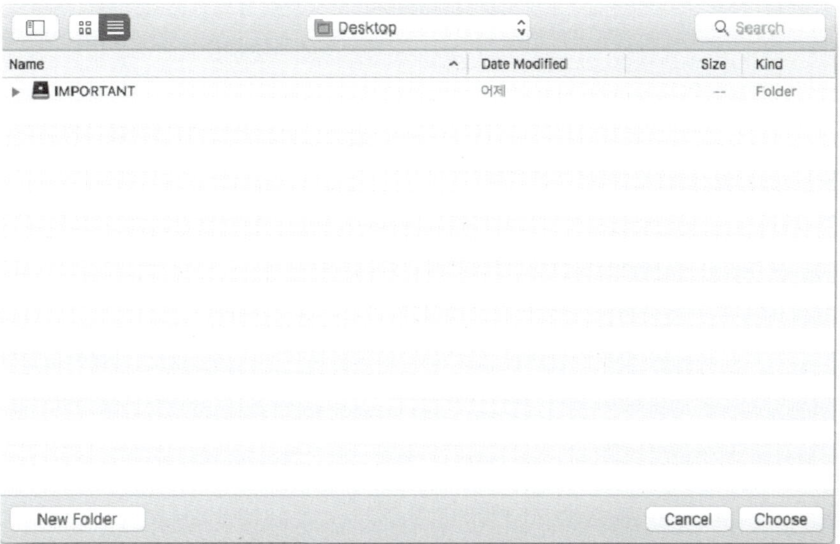

데이터셋 저장 및 메모리 로딩

전 장에서 작업위치를 네비게이션하는 방법을 학습한 이유는 지금까지 작업한 자료를 원하는 위치에 저장하기 위해서다. 작업위치를 설정한 후에 현재까지 작업한 자료를 저장하기 위해서는 save 명령어를 사용한다. save는 명령어 다음에 파일이름을 입력하면 현재 작업한 메모리에 탑재되어 있는 자료를 현재의 작업공간(working directory)에 파일로 저장한다. 본 파일은 홉스테드 문화척도

자료이므로 「hofstede」라고 저장하자(확장자명은 dta로 저장된다). 만약 연구자가 hofstede.dta파일을 조금이라도 수정한 후 이를 저장하지 않고 Stata를 종료시키면 메모리에 변경된 변경사항은 파일에 반영되지 않고 그대로 사라져 버린다. 따라서 작업 중간, 혹은 작업 종료 후 메모리에 있는 정보를 저장하는 습관을 들이도록 한다. 기존에 동일한 파일명이 존재할 경우 이를 덮어쓰기 위해서는 옵션으로 replace를 적용할 수 있다(3번 명령어 라인).

```
. pwd
. save hofstede
. save hofstede, replace
```

저장된 데이터셋을 메모리로 불러오기 위해서는 cd 명령어로 불러오고자 하는 데이터셋이 저장된 공간으로 현재 작업공간을 위치시킨 다음, use 명령어를 사용한다. 더욱 간략하게는 윈도우 OS상에서 다른 어플리케이션을 수행시키는 방법과 동일하게 Stata 데이터파일(.dta로 저장된 파일)을 마우스로 이중클릭하면 자동으로 Stata가 구동되면서 해당 파일이 메모리에 로딩된다. 위에서 보였던 sysuse도 use명령어의 일종으로 use는 사용자가 생성한 데이터셋을 불러올 수 있는 명령어인 반면, sysuse는 Stata가 기본적으로 제공하는 예제 데이터셋을 불러올 수 있다는 차이가 있다. 하지만 예제파일이 저장된 정확한 위치를 파악할 수 있다면 use 명령어를 통해서도 예제파일을 불러올 수 있다. sysuse의 장점은 Stata가 예제파일이 저장된 공간을 이미 파악하고 있어 우리가 예제파일이 저장된 정확한 위치를 몰라도 파일 이름만 알고 있다면 위치지정 없이 해당 파일을 메모리로 불러올 수 있다. 이뿐 아니라 Stata는 웹(www) 상에 위치한 데이터를 접근할 수 있는 기능을 제공한다. Stata가 웹 자체에서 자료를 제공할 수 있을 뿐만 아니라 계량경제를 강의하는 연구자들이 개인홈페이지에 예제파일을 업로드하기도 하며, 때로는 우리가 다운받은 종교 자료와 같이 다운로드 기능을 제공하지 않고 웹에서 바로 접근할 수 있도록 주소(accessing address)를 제공하기도 하는데, 이럴 경우 「webuse 웹주소」를 입력하여 자료를 메모리에 바로 로딩할 수도 있다.

```
예제 파일 로딩          . sysuse auto
사용자 파일 로딩        . cd data
                        . cd statadata
                        . use myfile
웹(www) 파일 로딩       . use http://www.stata-press.com/data/r14/census2.dta
```

CHAPTER 04

자료의 추출과 정리 I

- 세계은행 데이터베이스에서 자료 다운로드 받기
- wide형식에서 long형식 변환
- 문자열을 레이블된 숫자로 변환
- long형식에서 wide형식으로 변환
- 변수명 변경과 변수레이블 삽입
- 변수 순서 변경 및 관측치 정렬
- 데이터셋의 병합

세계은행 데이터베이스에서 자료 다운로드 받기

이제 세계은행에서 1인당 GDP자료와 여성의 노동시장 참여비율을 다운로드받을 차례이다. 두 자료를 엑셀로 다운로드 받은 후 Stata로 불러오는 작업은 위의 방법과 동일하니 필자가 진행하기 전 미리 연습해 보는 것도 좋은 방법이라 생각한다. 우리가 다운받으려는 자료는 세계은행의 세계개발지표(World Development Indicators, WDI)에 위치해 있다*. 해당 페이지에 가면 국가(Country)와 변수(Series), 시계열(Time)을 지정하여 자료를 다운로드 받을 수 있다. 더불어 세계은행에서는 UNICEF 교육자료 및 ILO 노동자료 등을 다운로드 받을 수 있어 추가연구를 진행하는데 도움이 된다.

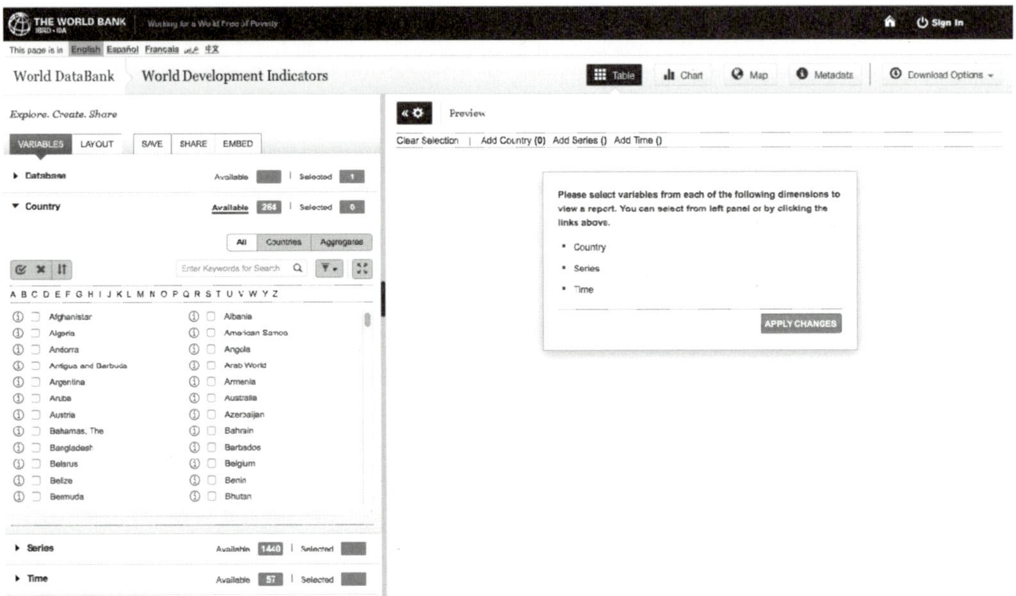

우선 국가를 선택하는데 Tang & Koveos(2008) 논문은 홉스테드 문화지표의 갱신이 목적이기에 해당 문화지표가 존재하지 않는 나라의 경제지표는 획득할 필요가 없다. 즉, 우리가 Stata로 변환한 문화지표 자료가 존재하는 국가 이상의 자료는 필요하지 않다. 그렇더라도 자료를 다운받

* http://databank.worldbank.org/data/reports.aspx?source=world-development-indicators

는 단계에서는 세계은행에서 해당 국가만 일일이 √ 표시를 체크하며 선별된 국가만 다운로드할 것인가, 작업의 효율성을 위해 전체를 다운로드 후에 선별적으로 선택할 것인가를 결정해야 한다. 필자는 작업을 일괄 처리하는 방식을 선호하기에 일단 모든 국가의 경제정보를 취득한 후에 필요한 국가만 hoftede.dta 파일에 접목(merge)하는 방식을 활용하겠다. 따라서 전체 국가를 선택 후 Series는 GDP per capita(current US$)와 Employers, female(% of employment)를 체크한다. 홉스테드 문화지수는 70년대 조사된 지표이므로 현재에 갱신하고자 한다면 70년대부터 현재까지 자료를 다운받아야 한다. 연도 체크를 70년대부터 최근 2016년까지 하고, 다운로드 옵션에서 엑셀로 선택하여 자료를 최종적으로 추출한다.

변수 선택

연도 선택

추출한 엑셀파일을 열어서 확인할 세 가지 사항이 있다. 첫째, 세계은행 자료에 누락자료를 「..」로 표현한다. 앞서 설명했듯이 이를 그대로 Stata에서 불러오면 해당 자료가 들어있는 변수는 모두 문자열로 인식되기에 엑셀에서 「..」로 표현된 누락자료를 삭제해야한다. 둘째, Stata 자료에서 변수는 열(column)에 표현되고 관측치는 행(row)에 표현되는데 엑셀자료에는 연도자료가 행으로 표현되어 있다. 동일변수가 행으로 표현되는 방식을 wide형식 자료라고 하고, 변수가 열로 축적(stack)된 자료를 long형식 자료라고 한다. Stata는 변수의 연산을 위해서 모든 변수는 기본적으로 long형식 자료로 표현되어 있어야한다. 그러나 본 엑셀 자료는 wide형식으로 저장되어 있어 이를 변환해 주는 과정이 필요하다. 셋째, Stata는 숫자로만 구성되거나 숫자로 시작하는 변수명은 허용하지 않는다. 따라서 「1970 [YR1970]」 및 「1971 [YR1971]」으로 표현된 변수명을 수정할 필요가 있다. wide형식의 자료를 long형식으로 변환하는 작업은 일단 엑셀자료를 Stata로 불러온 후 가능하지만 당장 엑셀 자료를 Stata로 불러오기 위해서는 누락자료의 처리와 변수명의 변경이 시급하다.

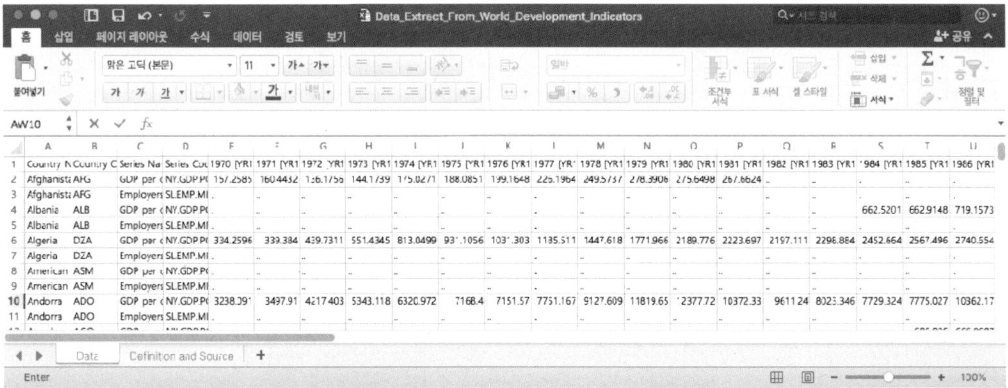

누락자료 형식을 변경하기 위해서는 엑셀에서 바꾸기를 선택하면 편리하다. 엑셀에서 control+F를 누르면 「찾기」와 「바꾸기」 다이얼로그 박스(dialog box)가 나타난다. 「바꾸기」 탭을 선택하여 찾을 내용을 「..」으로 하고, 바꿀 내용은 빈칸으로 유지한 후 모두 바꾸기를 수행한다. 여러분들이 필자와 동일한 작업을 수행하였다면 13,072개의 자료가 바뀌었음을 확인 할 수 있을 것이다. 물론 엑셀에서의 작업을 선호하지 않는 연구자가 있을 수 있다. Stata에서 동일한 작업을 수행하기 위해서는 우선 자료를 불러온 후(자료가 로딩된 이후에는 ".."로 인하여 모든 변수가 문자로 import되었을 것이다), ".."를 ""로 수정하고, 이를 다시 뒤에서 배울 destring을 활용하여 숫자로 변환해야하는 번거로움이 있다.

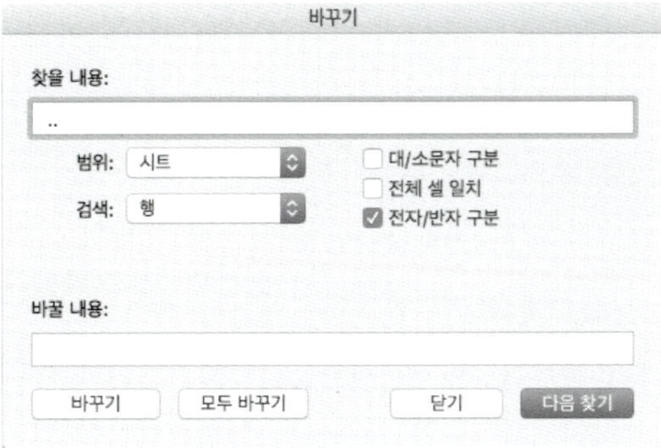

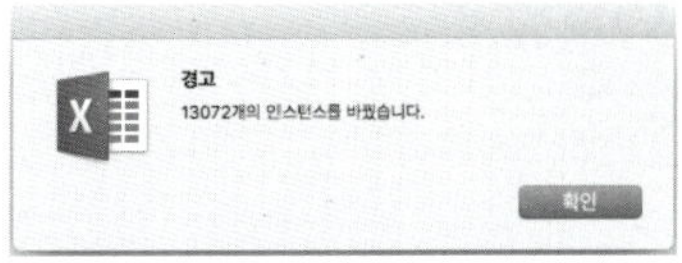

그 다음으로 변수명을 수정하도록 하자. 변수명은 연구자가 원하는 방식으로 임의로 지정할 수 있다. 그러나 향후 wide형식으로 탑재된 연도 변수를 long형식으로 쉽게 변경하기 위하여 「Y+연도」의 형식, 즉 동일한 접두문자(prefix)에 연도를 붙인 형식으로 변수명을 변경하여 Y1970, Y1971 ~ Y2016으로 변경한다. 이제 세계은행 엑셀자료를 Stata로 불러오기 위한 기초 작업은 모두 끝났으니 이를 저장한다.

WB 엑셀 자료 불러오기

※ 지금까지 학습한 내용으로 WB에서 추출한 엑셀자료를 Stata로 불러올 수 있다. 아래 내용을 확인하기 전 직접 실습해 보자. 자료가 저장된 위치는 필자와 독자가 다르기에 자신의 작업공간 위치를 꼭 확인하도록 한다. privacy를 위해 필자의 작업공간은 위치 정보는 삭제한다.

```
. import excel "~/Data_Extract_From_World_Development_Indicators.xlsx", sheet("Data") firstrow
. pwd
  ~/statadata
. save WBdata
  file WBdata.dta saved
```

불러오기와 저장하기 작업이 끝난 뒤 browse로 데이터를 확인해 보기를 바란다. 연도변수에 있는 값들은 모두 검정색으로 표현되어야 하고 CountryName CountryCode SeriesName SeriesCode 변수만 붉은색(문자변수)로 읽혀 왔어야 성공적으로 로딩이 끝난 상황이다.

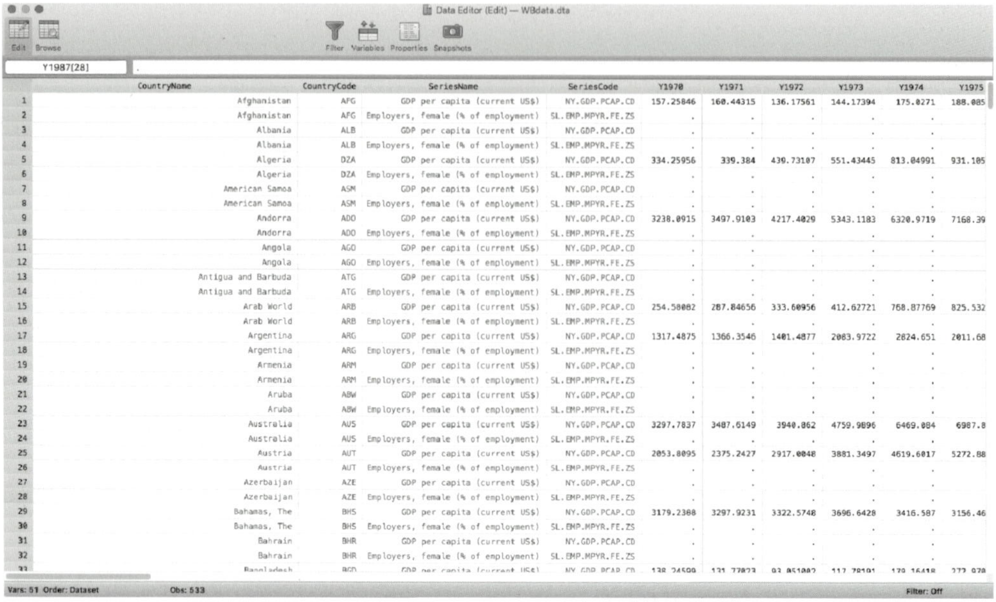

	CountryName	CountryCode	SeriesName	SeriesCode	Y1970	Y1971	Y1972	Y1973	Y1974	Y1975
1	Afghanistan	AFG	GDP per capita (current US$)	NY.GDP.PCAP.CD	157.25846	160.44315	136.17561	144.17394	175.0271	188.085
2	Afghanistan	AFG	Employers, female (% of employment)	SL.EMP.MPYR.FE.ZS	.	.	.	.	.	
3	Albania	ALB	GDP per capita (current US$)	NY.GDP.PCAP.CD	.	.	.	.	.	
4	Albania	ALB	Employers, female (% of employment)	SL.EMP.MPYR.FE.ZS	.	.	.	.	.	
5	Algeria	DZA	GDP per capita (current US$)	NY.GDP.PCAP.CD	334.25956	339.384	439.73107	551.43445	813.04991	931.105
6	Algeria	DZA	Employers, female (% of employment)	SL.EMP.MPYR.FE.ZS	.	.	.	.	.	
7	American Samoa	ASM	GDP per capita (current US$)	NY.GDP.PCAP.CD	.	.	.	.	.	
8	American Samoa	ASM	Employers, female (% of employment)	SL.EMP.MPYR.FE.ZS	.	.	.	.	.	
9	Andorra	ADO	GDP per capita (current US$)	NY.GDP.PCAP.CD	3238.0915	3497.9103	4217.4029	5343.1183	6320.9719	7168.39
10	Andorra	ADO	Employers, female (% of employment)	SL.EMP.MPYR.FE.ZS	.	.	.	.	.	
11	Angola	AGO	GDP per capita (current US$)	NY.GDP.PCAP.CD	.	.	.	.	.	
12	Angola	AGO	Employers, female (% of employment)	SL.EMP.MPYR.FE.ZS	.	.	.	.	.	
13	Antigua and Barbuda	ATG	GDP per capita (current US$)	NY.GDP.PCAP.CD	.	.	.	.	.	
14	Antigua and Barbuda	ATG	Employers, female (% of employment)	SL.EMP.MPYR.FE.ZS	.	.	.	.	.	
15	Arab World	ARB	GDP per capita (current US$)	NY.GDP.PCAP.CD	254.58082	287.84656	333.60956	412.62721	768.87769	825.532
16	Arab World	ARB	Employers, female (% of employment)	SL.EMP.MPYR.FE.ZS	.	.	.	.	.	
17	Argentina	ARG	GDP per capita (current US$)	NY.GDP.PCAP.CD	1317.4875	1366.3546	1401.4877	2083.9722	2824.651	2011.68
18	Argentina	ARG	Employers, female (% of employment)	SL.EMP.MPYR.FE.ZS	.	.	.	.	.	
19	Armenia	ARM	GDP per capita (current US$)	NY.GDP.PCAP.CD	.	.	.	.	.	
20	Armenia	ARM	Employers, female (% of employment)	SL.EMP.MPYR.FE.ZS	.	.	.	.	.	
21	Aruba	ABW	GDP per capita (current US$)	NY.GDP.PCAP.CD	.	.	.	.	.	
22	Aruba	ABW	Employers, female (% of employment)	SL.EMP.MPYR.FE.ZS	.	.	.	.	.	
23	Australia	AUS	GDP per capita (current US$)	NY.GDP.PCAP.CD	3297.7837	3487.6149	3940.862	4759.9896	6469.084	6987.8
24	Australia	AUS	Employers, female (% of employment)	SL.EMP.MPYR.FE.ZS	.	.	.	.	.	
25	Austria	AUT	GDP per capita (current US$)	NY.GDP.PCAP.CD	2053.8095	2375.2427	2917.0048	3881.3497	4619.6017	5272.88
26	Austria	AUT	Employers, female (% of employment)	SL.EMP.MPYR.FE.ZS	.	.	.	.	.	
27	Azerbaijan	AZE	GDP per capita (current US$)	NY.GDP.PCAP.CD	.	.	.	.	.	
28	Azerbaijan	AZE	Employers, female (% of employment)	SL.EMP.MPYR.FE.ZS	.	.	.	.	.	
29	Bahamas, The	BHS	GDP per capita (current US$)	NY.GDP.PCAP.CD	3179.2388	3297.9231	3322.5748	3696.6428	3416.587	3156.46
30	Bahamas, The	BHS	Employers, female (% of employment)	SL.EMP.MPYR.FE.ZS	.	.	.	.	.	
31	Bahrain	BHR	GDP per capita (current US$)	NY.GDP.PCAP.CD	.	.	.	.	.	
32	Bahrain	BHR	Employers, female (% of employment)	SL.EMP.MPYR.FE.ZS	.	.	.	.	.	
33	Bangladesh	BGD	GDP per capita (current US$)	NY.GDP.PCAP.CD	138.24599	131.77923	93.851002	117.78101	179.16418	272.979

wide형식에서 long형식 변환

네트워크 분석 등의 특정한 모형에서는 wide형식으로 분석이 가능하지만 Stata는 기본적으로 long형식으로 **변수**가 축적되어야 연산이 가능하다. 반면 데이터베이스에서 받는 자료는 wide형식으로 되어있는 경우가 자주 있다. 따라서 가능한 연산을 위해서 현재 세계은행에서 추출한 경제지표에서 "Y"로 시작하도록 설정한 연도 변수는 wide형식에서 long형식으로 변환되어야하고, Series에 해당하는「GDP per capita」와「Employers, female」은 각각의 변수이기에 wide형식으로 변환해야 한다. 즉, 구별 가능한 변수는 모두 wide형식으로 구성되어야하고, 동일 변수라면 long형식으로 구현되도록 조정한다.

Stata에서 long형식을 wide형식으로, wide형식을 long형식으로 변환시켜주는 명령어는「reshape」이다. reshape 문법을 이해하기 위한 가장 중요한 핵심은 개별 관측치를 구분할 수 있는 식별자를 인식하는 것이다. 만약 식별자를 구분하지 못할 경우 Stata는 오류 메시지를 보내 우리를 당황시킬 것이다.

다음 문법에서 확인되듯이 wide형식에서 long형식으로 전환할 경우 식별자는 "i(식별자)"안에 들어가게 된다. 하지만 필자가 아래 제시한 명령어 코드에는 문법에서 확인한 바와 다르게 i()옵션 안에 두 개의 변수를 삽입하였다. 이는 개별 관측치를 구별하기 위한 식별코드(CountryCode)로는 부족하고 CountryCode와 SeriesCode의 조합으로만 가능하기 때문이다. j()옵션 뒤에는 long형식으로 변환한 변수에 할당될 변수명이 지정되면 된다. 명령어 뒤에 Y는 우리가 연도 변수 앞에 접두어로서 Y를 공통적으로 사용해서다(명령어 문법 예시에는 stub으로 표기되어 있다).

reshape의 문법(Syntax)

```
        long
                                             wide
        i   j   stub
                                             i   stub1 stub2
        1   1    4.1         reshape
        1   2    4.5      <------------>     1    4.1   4.5
        2   1    3.3                         2    3.3   3.0
        2   2    3.0

To go from long to wide:

                                    j existing variable
                                   /
        reshape wide stub, i(i) j(j)

To go from wide to long:

        reshape long stub, i(i) j(j)
                                   \
                                    j new variable
```

```
. reshape long Y, i(CountryCode SeriesCode) j(year)
```

위 명령문을 수행한 결과 우측에 변수들이 누적되었다. 그러나 아직 GDP per capita와 employers, female은 변수로 구분되지 않고 long형식으로 되어 있어서 두 변수를 wide형식으로 변환해야 한다. reshape의 문법에서 보듯이 long형식을 wide형식으로 전환하기 위해서는 j()옵션에 삽입되어야할 식별자 변수가 숫자형 변수(Numeric variable)로 지정되어 있어야 한다.

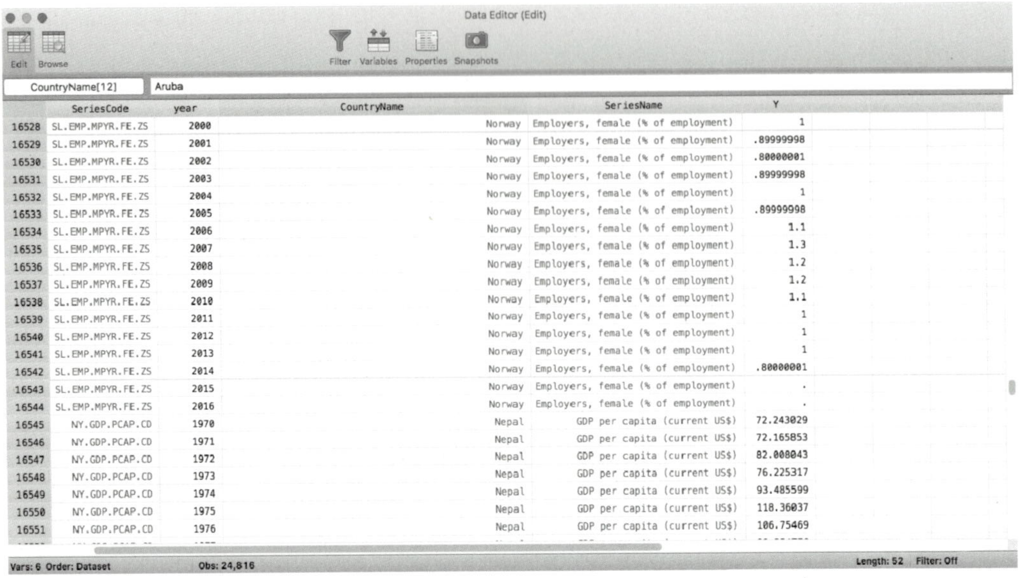

	SeriesCode	year	CountryName	SeriesName	Y
16528	SL.EMP.MPYR.FE.ZS	2000	Norway	Employers, female (% of employment)	1
16529	SL.EMP.MPYR.FE.ZS	2001	Norway	Employers, female (% of employment)	.89999998
16530	SL.EMP.MPYR.FE.ZS	2002	Norway	Employers, female (% of employment)	.80000001
16531	SL.EMP.MPYR.FE.ZS	2003	Norway	Employers, female (% of employment)	.89999998
16532	SL.EMP.MPYR.FE.ZS	2004	Norway	Employers, female (% of employment)	1
16533	SL.EMP.MPYR.FE.ZS	2005	Norway	Employers, female (% of employment)	.89999998
16534	SL.EMP.MPYR.FE.ZS	2006	Norway	Employers, female (% of employment)	1.1
16535	SL.EMP.MPYR.FE.ZS	2007	Norway	Employers, female (% of employment)	1.3
16536	SL.EMP.MPYR.FE.ZS	2008	Norway	Employers, female (% of employment)	1.2
16537	SL.EMP.MPYR.FE.ZS	2009	Norway	Employers, female (% of employment)	1.2
16538	SL.EMP.MPYR.FE.ZS	2010	Norway	Employers, female (% of employment)	1.1
16539	SL.EMP.MPYR.FE.ZS	2011	Norway	Employers, female (% of employment)	1
16540	SL.EMP.MPYR.FE.ZS	2012	Norway	Employers, female (% of employment)	1
16541	SL.EMP.MPYR.FE.ZS	2013	Norway	Employers, female (% of employment)	1
16542	SL.EMP.MPYR.FE.ZS	2014	Norway	Employers, female (% of employment)	.80000001
16543	SL.EMP.MPYR.FE.ZS	2015	Norway	Employers, female (% of employment)	.
16544	SL.EMP.MPYR.FE.ZS	2016	Norway	Employers, female (% of employment)	.
16545	NY.GDP.PCAP.CD	1970	Nepal	GDP per capita (current US$)	72.243029
16546	NY.GDP.PCAP.CD	1971	Nepal	GDP per capita (current US$)	72.165853
16547	NY.GDP.PCAP.CD	1972	Nepal	GDP per capita (current US$)	82.008043
16548	NY.GDP.PCAP.CD	1973	Nepal	GDP per capita (current US$)	76.225317
16549	NY.GDP.PCAP.CD	1974	Nepal	GDP per capita (current US$)	93.485599
16550	NY.GDP.PCAP.CD	1975	Nepal	GDP per capita (current US$)	118.36037
16551	NY.GDP.PCAP.CD	1976	Nepal	GDP per capita (current US$)	106.75469

문자열을 레이블된 숫자로 변환

형식 변화를 공부하다가 갑자기 레이블링으로 주제가 이동하는 이유는 바로 위에서 이야기한 바와 같이 j()옵션에 삽입되어야할 식별자가 숫자형 변수여야 문법을 충족하기 때문이다. 우리는 두 변수 「GDP per capita」와 「Employers, female」를 wide형식으로 전환해야 하는데 현재 해당 변수는 문자형(현재 변수명은 SeriesName으로 적색으로 표시되어 있다)으로 저장되어 있어 reshape 문법에 맞도록 조정해야 한다.

계량분석을 수행하다보면 문자열을 숫자로 전환해야 하는 경우가 종종 발생한다. 이는 문자열은 기본적으로 연산을 수행할 수 없는데 auto.dta에서와 같이 foreign과 domestics을 분리하여 연산을 수행해야 하는 경우와 같다. 이 장에서는 문자열을 레이블된 숫자로 변경하는 명령어를 살펴보도록 한다. Stata에서는 문자열을 레이블된 숫자로 변경하는 명령어로 encode를 제공한다. encode를 사용하면 문자열을 알파벳 순서에 따라서 1부터 발생된 문자열 관측치만큼 숫자를 할당하고 해당하는 의미를 레이블로 붙여 준다. 즉 "China", "Korea", "Japan"이라는 문자열을 포함한 변수가 있다면 "China"를 1로, "Korea"를 2로, "Japan"을 3으로 변경하고 1과 2와 3에 "China",

"Korea", "Japan"라는 레이블을 달아준다.

encode 문법

encode 문자열변수명, gen(생성하려는 숫자 변수명)

이를 우리가 사용하고 있는 WBdata.dta의 SeriesName으로 적용해보자.

```
. encode SeriesName, gen(series)
. tab series
. tab series, nolabel
```

(1)번 명령어라인은 SeriesName을 encode하여 새로운 series라는 변수를 생성하고 결과를 저장하라는 명령어이다. (1)번 줄을 수행 후 browser를 통해 확인하면 series라는 변수가 새로 생성되었고 파란색(레이블된 숫자)으로 전환되어 저장되었음을 확인할 수 있다.

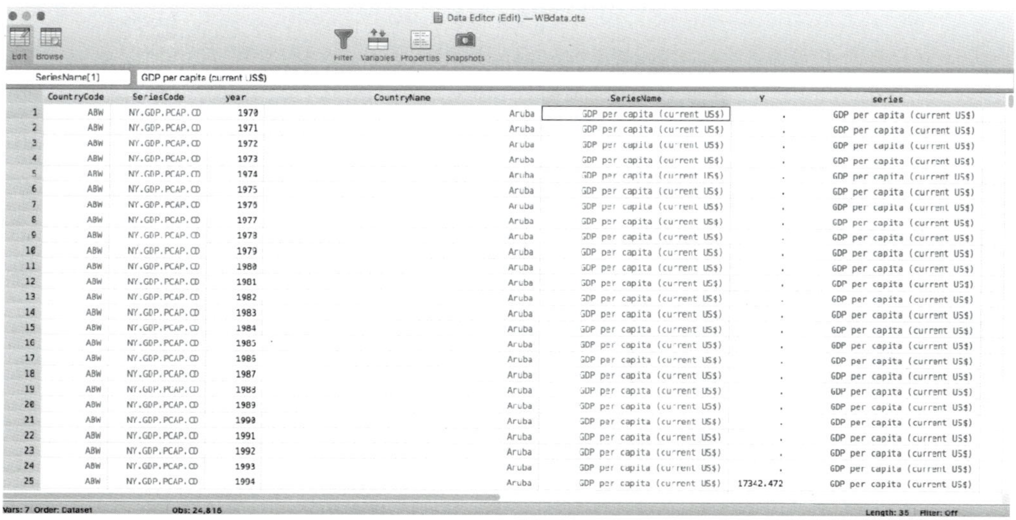

encode는 변수에 저장된 문자열을 알파벳순으로 정렬하여 숫자를 할당하기에 「Employers, female」를 1로 할당하고 「GDP per capita」를 2로 할당하였을 것이다. 그러나 우리가 예상한대로 변환이 적절히 진행됐는지 확인하기 위하여 tab 명령어를 활용한 구문을 (2)~(3)번 명령어 라인에

추가하였다.

tabulate 문법

기능 : 변수에서 관측치의 빈도를 계산하여 표로 보여줌
문법 : tabulate 변수명

tab은 tabulate의 약자로 변수 안에 포함된 관측치의 빈도를 계산해서 보여준다. 동일한 명령어를 (3)번 줄과 같이 nolabel이라는 옵션을 추가하여 재수행한 이유는 nolabel옵션이 없는 경우에는 레이블된 변수명을 보여주고, nolabel 옵션을 추가하면 실제로 할당된 수를 보여주기에 할당된 숫자와 레이블의 관계를 정확히 파악하고자 실행하였다. 확인 결과 우리가 예상한 바와 같이 「Employers, female」는 1로, 「GDP per capita」는 2로 정확히 할당되었다. 이와 같이 통합되어 있는 변수를 각각의 변수인 wide형식으로 변환 후 변수명을 수정해야하기에 각 번호에 할당된 변수명이 무엇인지 tabulate로 꼭 확인해야 한다.

```
. tab series

                      Series Name |      Freq.     Percent        Cum.
----------------------------------+-----------------------------------
Employers, female (% of employment) |     12,408       50.00       50.00
      GDP per capita (current US$) |     12,408       50.00      100.00
----------------------------------+-----------------------------------
                            Total |     24,816      100.00
```

```
. tab series, nolabel

Series Name |      Freq.     Percent        Cum.
------------+-----------------------------------
          1 |     12,408       50.00       50.00
          2 |     12,408       50.00      100.00
------------+-----------------------------------
      Total |     24,816      100.00
```

long형식에서 wide형식으로 변환

long형식을 wide형식으로 전환하기 위해 j()옵션에 삽입될 숫자형 식별자가 확보되었으니 wide형식으로 변환을 마무리 해보자. 우선, reshape 명령어는 형식을 변환하기 위한 최소 정보 이외에 추가 정보가 데이터셋에 있다면 해당 정보를 어떻게 처리할지 모른다. 우리는 이미 숫자형 식별자인 series 변수를 생성하였는데 이와 동일한 정보를 갖고 1:1 대응 관계에 있는 SeriesName과 SeriesCode가 데이터셋에 포함되어 있다. 그래서 만약 두 변수를 유지한 상황에서 형식을 변환하라고 reshape 명령어를 사용하면 Stata는 "SeriesName과 SeriesCode는 어떻게 처리할건가요?"

라고 물어볼 것이다. 이는 Stata가 SeriesName과 SeriesCode를 자의적으로 처리하지 않도록 하는 개발자의 의도가 반영되었기 때문이다. 솔직히 Stata는 그렇게 정중하게 물어보지 않고, 우리가 지금 한 번도 본적이 없는 어마어마한 분량의 빨간색 에러코드를 출력창에 뿌려서 우리를 아주 당황시킬 것이다. 필자도 Stata에서 많은 에러코드들을 봐왔지만, reshape 명령어의 오류 시 나타나는 에러코드의 출력량은 압도적이다. 그래서 우리가 series변수를 생성하는 순간 유용성이 사라진 부차적 정보인 SeriesName과 SeriesCode를 삭제하기 위해 (1)번 명령어 라인(drop SeriesName SeriesCode)을 실행하였다.

우리 자료에서 long형식을 wide형식으로 변환하기 위해 개별 관측을 구분할 수 있는 식별자는 CountryCode와 year를 동시에 충족해야 한다. 그래서 식별자(i옵션)에는 두 개의 변수 CountryCode와 year를 삽입하였고, 레이블된 변수 series에 따라 Y변수를 wide로 변환시키기 위해 (2) 명령문을 실행하였다.

```
. drop SeriesName  SeriesCode
. reshape wide Y ,i(CountryCode year) j(series)
```

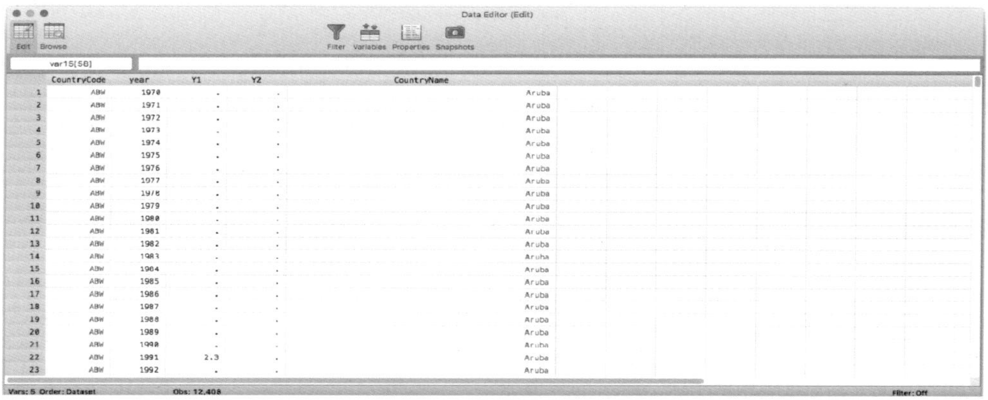

변수명 변경과 변수레이블 삽입

이제 복잡해 보이는 자료 정리는 대부분 끝났다. 그러나 위 그림에서 확인할 수 있듯이 우리가 encode의 수행으로 「Employers, female」는 1로, 「GDP per capita」는 2로 할당하여 wide로 변형된 변수명이 Y1과 Y2로 설정되었는데 이들 변수명을 정리할 필요가 있다. 변수명을 변경하는 명령어는 rename이다. rename은 한 개의 변수명을 대응되는 한 개의 새 변수명으로 변경할 수 있을 뿐만 아니라 여러 개의 변수명을 일괄적으로 변경할 수도 있다. 우리는 두 개의 변수명을 동시에 변경하기 위해 두 번째 명령어 문법을 따르기로 한다. Femployer와 GDPpc는 필자가 임의로 변경한 이름이므로 독자들은 본인이 원하는 이름으로 변경할 수도 있다.

rename 문법

개별 변수명 변경 : rename 변수명1 변수명2
일괄 변수명 변경 : rename (변수명1 변수명2) (새변수명1 새변수명2)

```
. rename (Y1 Y2) (Femployer GDPpc)
```

여기서 우리가 왜 이전 장에서 tab 명령어의 nolabel 옵션을 사용하여 대칭 변수명을 확인하였는지 명확해 진다. 물론 알파벳 순서에 의하여 문자가 숫자로 자동으로 레이블링 되었겠지만, Y1와 Y2라는 결과만 보고서는 해당 변수가 어떤 변수에서 변형된 값인지를 모를 수 있다.

변수의 레이블링은 질적 변수에도 가능하지만 변수 자체에도 가능하다. 이때 사용되는 레이블링은 변수의 설명으로서의 의미를 갖는다. Femployer나 GDPpc와 같이 생성된 변수는 변수의 단위가 무엇인지, 어디에서 자료를 추출하였는지 변수명만으로는 확인하기가 힘들다. 간혹 변수명을 변수의 특징을 반영하지 못한 이름으로 작성하면, 자료를 생성하고 한참의 시간이 흐른 뒤 제작한 연구자가 보아도 해당 변수가 의미하는 바를 파악하기 힘들 수 있다. 그래서 위에서는 변수값에 레이블을 붙이는 방법을 배웠지만(encode 명령어), 이번에는 변수명 자체에 레이블을 붙여보자.

```
. label var Femployer "Employers, female(% of employment). source:WB"
. label var GDPpc "GDP per capita(current US$). source:WB"
```

변수명에 붙이는 레이블링은 변수이름이 보통 약어(abbreviation)로 제작되었기에 변수명이 무엇을 의미하는지 혼돈을 피하기 위하여 변수에 꼬리표(label)를 할당하는 과정이다. 그런데 숫자변수 각각에 label을 부여하는 방법(encode)과 변수명에 label을 부여하는 방식(label var)을 헷갈리면 안 된다. 꼬리표를 부여하는 방식은 지금까지 살펴본 바와 같이 첫째, 질적 내용을 담고 있는 숫자 변수에 각 숫자별로 부여할 수 있고, 둘째 변수명에 변수의 혼돈을 피하기 위하여 부여할 수 있으며, 마지막으로 데이터셋에 부여하여 데이터 자체에 설명을 추가할 수 있다. dataset에 꼬리표를 부여하는 방식은 **label data "데이터 설명"**의 형식을 따르면 된다.

변수 순서 변경 및 관측치 정렬

데이터셋에 저장된 변수의 순서를 바꿀 수 있는 명령어는 order이고 관측치를 정렬하는 명령어는 sort이다. 일반적으로 패널데이터에서 패널변수(사람이름, 국가명같이 개별분석대상)가 처음 위치하고 연도변수는 그 다음에 위치하며 기타 변수들은 이 변수들 뒤에 따른다. 우리가 갖고 있는 자료는 CountryName CountryCode year Femployer GDPpc의 순서로 정리되면 바람직한데 이를 위하여 order명령어를 사용한다.

```
※ 정렬 전 변수 순서 : CountryCode year Femployer GDPpc CountryName
. order CountryName CountryCode year Femployer GDPpc
. order CountryName
. order CountryName, before(CountryCode)
. order CountryCode year Femployer GDPpc, after(CountryName)
```

order 명령어로 변수를 정렬하는 방식은 (1)모든 변수를 일일이 지정하는 방식과 (2)어떤 변수를 어떤 변수 뒤 혹은 앞에 위치시키라고 지정하는 방식이 있다. 위에 제시한 4개의 명령문은 모두 동일한 동작을 수행하는 명령문이다. 정렬 전 우리가 갖고 있는 자료는 CountryCode year Femployer GDPpc CountryName의 순으로 저장되어 있는데, 이는 변수 하나 하나의 위치를 일일이 정할 수도 있고(1번 명령어 라인), CountryName만 제일 앞에 오게 할 수도 있으며(2번 명령어 라인), CountryName만 CountryCode 앞에 오게 할 수도 있고(3번 명령어 라인), CountryCode year Femployer GDPpc를 순서대로 오게 한 뒤에 CountryName를 맨 앞에 둘

수도 있다(4번 명령어 라인). 이는 모두 동일한 명령어니 하나의 명령어를 사용하여 변수 순서를 변경해 보자.

변수를 정리하는 방법이 있다면 엑셀과 같이 관측치를 정렬할 수도 있다. 오름차순으로 정렬하는 방식을 제공하는 명령어가 sort이고, 오름차순과 내림차순을 모두 지정할 수 있는 명령어가 gsort이다. sort 명령어 뒤에, 한 개 이상의 변수명을 지정하면 첫 번째 제공된 변수명으로 관측치가 오름차순으로 정렬되고, 그 정렬된 상태 내에서 두 번째 제공된 변수명으로 관측치가 오름차순으로 정렬된다. 우리는 세계은행 데이터를 다음과 같이 정렬한다.

```
. sort CountryCode year
```

관측치를 꼭 오름차순으로만 정렬할 필요는 없다. GDPpc가 가장 높은 국가 순으로 자료를 정렬해서 확인할 필요가 있는 경우도 있다. 이럴 때는 gsort(generalized sort)를 사용하면 유용하다. gsort +CountryCode +year라고 수행한다면 위의 명령어 구문과 동일한 효과를 얻을 수 있다. 변수명 앞에 "+"를 삽입한다면 오름차순으로 해당 변수의 관측치를 정렬하라는 뜻이다. 예상 가능하듯이 내림차순으로 정렬할 때는 "−"를 사용하는데 만약 CountryCode year별로 내림차순으로 정렬하고 싶으면 gsort −CountryCode −year와 같이 수행하면 된다.

데이터셋의 병합

지금까지 hofstede.dta 데이터셋과 WBdata.dta 데이터셋 두 개를 생성했다. 이제 분석을 위해서는 두 데이터셋을 병합하는 과정을 알아야 한다. 데이터셋을 병합하기 위해서는 두 데이터셋을 병합하는 **기준**이 필요하다. 지금까지 우리가 확보한 자료는 WBdata.dta와 hofstede.dta이다. 해당 자료에서 공통적으로 식별할 수 있는 기준 변수는 국가이름이다. 그러나 국가이름을 사용하는데도 한계가 있다. 이는 국가통계를 제공하는 데이터베이스별로 개별 국가를 표현하는 국가명이 상이하기 때문이다. 한국을 예로 보자면 한국을 Korea라고 표현하는 데이터베이스가 있는 반면 Republic of Korea, Korea(republic), South Korea, south korea, Korea(South), R. Korea로 다양하다. 모든 프로그래밍 언어는 대소문자를 구분하여 인식하기에(Capital Sensitive) South Korea와 South korea, south korea, south Korea는 모두 다르며 심지어 South Korea와

SouthKorea도 다르다. 따라서 두 데이터셋에서 병합을 위한 기준으로서 동일 국가명을 사용하고 있는지 일일이 확인해야 한다. 이러한 수고를 덜기 위해서 국제표준기구(International Organization for Standardization, ISO)에서는 개별 국가를 식별할 수 있는 국가코드를 2digit코드와 3digit코드로 제공한다. 아래의 WBdata.dta에서 사용한 CountryCode가 ISO의 3digit코드를 활용하고 있다. 따라서 hofstede.dta에 있는 국가별로 ISO코드를 삽입하여 두 파일을 병합할 수 있는 **기준**을 마련한다.

WBdata.dta

	CountryName	CountryCode	year
1	Aruba	ABW	1970
2	Aruba	ABW	1971
3	Aruba	ABW	1972
4	Aruba	ABW	1973
5	Aruba	ABW	1974
6	Aruba	ABW	1975
7	Aruba	ABW	1976
8	Aruba	ABW	1977
9	Aruba	ABW	1978

hofstede.dta

	Countries	PDI	UAI	IND	MAS
1	Argentina	49	86	46	56
2	Australia	36	51	90	61
3	Austrialia	80	128	89	22
4	Austria	11	70	55	79
5	Bangladesh	80	60	20	55
6	Belgium	65	94	75	54
7	Belgium/French speakers	67	93	72	60
8	Brazil	69	76	38	49
9	Bulgaria	70	85	30	40

국가코드 활용 데이터셋 병합 작업수행 순서

1. WBdata.dta에서 국가이름과 ISO 코드를 확보하여 엑셀로 복사한다.
2. hofstede.dta에서 국가이름을 확보하여 엑셀로 복사한다.
3. (2)에서 복사한 엑셀 자료에 ISO코드를 입력한다.
4. (3)에서 완료된 엑셀자료를 Stata 데이터로 불러와 mapping.dta파일로 저장한다.
5. hofstede.dta와 mapping.dta를 합병하여 hofstede.dta안에 ISO코드를 넣는다.
6. (5)에서 완성된 자료(ISO코드 삽입된 hofstede.dta)를 WBdata.dta와 합병한다.

작업(1)과 (2): 세계은행 자료에 포함된 국가별 ISO코드를 확인하기 위하여 WBdata.dta에서 국가명과 ISO3 코드를 일단 추출하여 엑셀에 옮기고, hofstede.dta에서도 국가명을 엑셀로 복사한다. 그런데 WBdata.dta에는 연도별로 국가명 및 국가코드가 중복되어 나타난다. 이에 특정 연도(아래 예제에서는 1970년)에 나타난 국가만 엑셀로 복사하기 위하여 Stata에서 1970년에 나타난 국가명과 국가코드(ISO)를 브라우저 창에 띄우고 이를 ctrl+c로 복사하여 엑셀에 붙여 넣는다. 동일하게 홉스테드의 국가명도 복사하여 엑셀에 복사해 둔다.

```
. use WBdata.dta
. browse CountryName CountryCode if year==1970
```

```
. use hofstede.dta
. browse Countries
```

작업(1), (2) 완료 후

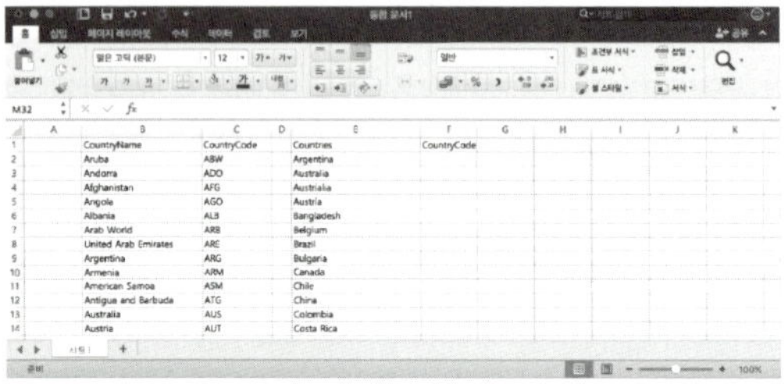

작업(3) 완료 후

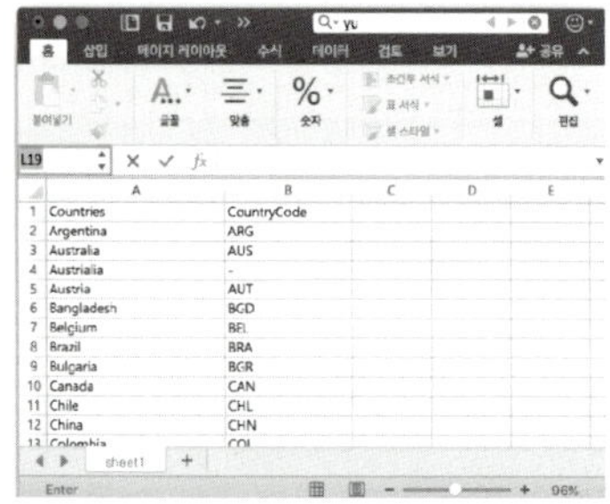

작업(3) : 이제 맵핑(mapping) 자료를 작성하기 위해서 hofstede.dta에서 복사한 엑셀장표에 나타난 국가명에 WBdata.dta에서 뽑아낸 엑셀에서 국가코드(ISO3)를 찾아서 삽입한다. 위에서 필자는 일괄 처리하는 방식을 좋아한다고 했지만, 이번 경우는 데이터베이스 별로 국가명을 설정하는 방식이 상이하기에 눈으로 일일이 확인하며 복사하는 수밖에 없다

작업(4) : hofstede에 ISO3코드를 삽입한 엑셀을 저장 후(아래 예제에서는 엑셀 파일 이름을 mapping으로 저장하였다) import 명령어를 활용하여 Stata 데이터 파일로 변환하고 이를 저장(mapping.dta)한다.

```
. import excel "mapping.xlsx", sheet("sheet1") firstrow clear
. save mapping
```

작업(5) : 이제 맵핑(mapping)을 위해서 hofstede.dta를 업데이트 할 차례이다. mapping.dta는 우리가 hofsted.dta에서 국가명을 뽑아서 이를 ISO3를 추가한 데이터셋이기에 mapping.dta을 활용하여 hofstede.dta에 ISO3를 추가할 수 있다. 두 Stata 데이터셋을 병합할 수 있는 명령어가 merge이다. merge 명령어는 메모리에 로딩된 데이터셋에 파일로 저장된 데이터셋을 key variable을 기준으로 병합해 준다. merge에는 일:일, 다:일, 일:다, 다:다 병합을 제공하는데 가장 빈번하게 사용하는 병합은 일:일과 다:일이다. 지금 수행하려는 작업은 일:일 병합이기에 다음과 같이 수행한다. 현재 메모리에 로딩된 데이터셋은 hofstede.dta(master파일)이다.

```
. use hofstede.dta
. merge 1:1 Countries using mapping
```

작업(5) 완료 후

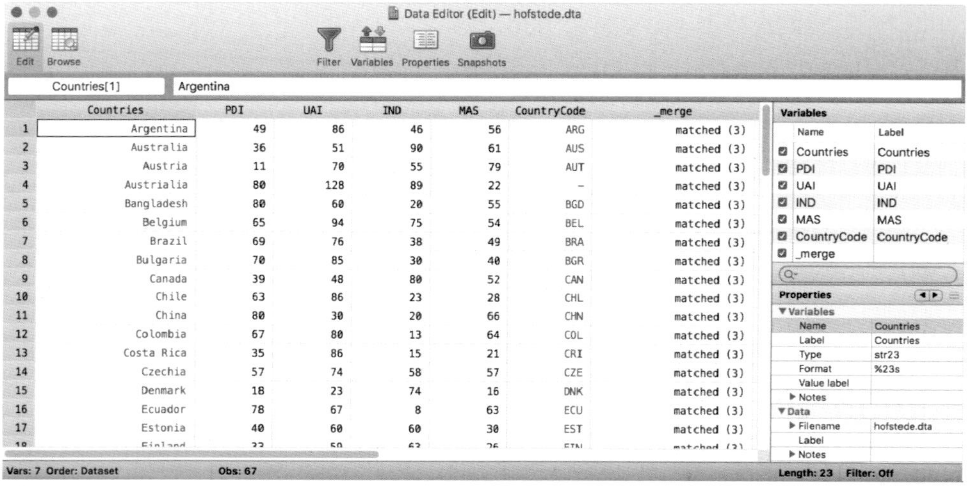

merge된 결과는 결과창에서도 확인할 수 있지만 성공여부가 _merge변수에 추가적으로 생성되어 저장된다. merge 결과에서 _merge==1은 master파일(현재 로딩된 파일)에만 관측치가 존재하고 using 파일에는 관측치가 존재하지 않아 matching이 이루어지지 않은 관측치이다. 반면 _merge==2는 using에만 관측치가 존재하고 master에는 관측치가 존재하지 않아 matching이 성공하지 않은 관측치이고, _merge==3은 matching이 성공적으로 이루어진 관측치이다. 우리 자료는 _merge가 1이나 2인 경우가 없이 모두 성공적으로 matching(모든 _merge가 3)되었다(당연히 우리가 엑셀로 뽑은 국가명에 ISO가 삽입된 형태이니, 매칭되지 않는 관측치가 존재할 수 없다). 혹시 나중에 자료의 병합이 추가로 진행될 수 있는데, 이럴 경우 merge결과로 생성된 _merge변수를 삭제하지 않으면 이미 데이터셋에 _merge파일이 존재한다고 병합이 이루어지지 않기에 _merge 변수를 삭제하고 hofstede.dta 파일을 다시 저장한다. 또한 세계은행에서 국가코드가 존재하지 않아 mapping.dta에 "–"로 표시한 국가도 삭제하도록 한다.

```
. drop _merge
. tab Countries if CountryCode=="-"
. drop  if CountryCode=="-"
. save mapping, replace
```

작업(6) : (본인에게 박수한번 치고 계속하자) 이제 드디어 홉스테드 자료와 세계은행에서 추출한 자료를 병합할 수 있는 기초가 준비되었다. 데이터셋을 병합하는 방법은 위에서 간략히 소개하였으니 본 작업은 빠르게 진행한다. 일단 master파일로 세계은행 자료를 불러오고 홉스테드 자료를 using파일로 병합한다. 그런데 위의 병합 단계와 다르게 세계은행 자료는 국가가 연도별로 중복되어 있는 패널자료이다. 따라서 이번 병합은 "다:일(m:1)" 병합으로 진행한다. 병합 기준변수는 당연히 지금까지 우리가 고생한 CountryCode이다(1번 줄).

명령어 구문 수행 결과 홉스테드 자료에는 존재하지 않는 국가별 관측치가 세계은행 자료에는 다수 존재하기에(master파일에만 존재하여) matching되지 않은 결과가 다수 존재한다(1번줄 수행 결과). 이들 관측치들은 우리의 분석에서 필요하지 않아서 삭제하고(2번 줄), merge가 적절히 수행된 것을 확인하였으므로 _merge변수도 삭제한다(3번 줄). 또한 국가명 변수가 CountryName과 Countries로 중복 기재되어서 이 중 하나인 CountryName을 삭제하고(4번 줄), 국가명 변수 Countries를 순서 처음으로 위치시킨(5번 줄) 후 hofstede_merged.dta로 저장한다(6번 줄).

```
. merge m:1 CountryCode using hofstede
    Result                           # of obs.
    -----------------------------------------
    not matched                          9,400
        from master                      9,400  (_merge==1)
        from using                           0  (_merge==2)

    matched                              3,008  (_merge==3)
    -----------------------------------------

. drop if _merge==1 | _merge==2
. drop _merge
. drop CountryName
. order Countries
. save hofstede_merged
```

CHAPTER 05

자료의 추출과 정리 II

- 국가별 종교 자료
- 변수 생성 및 변수 변환
- 제1종교 찾기
- 설명문, do-file 및 log file
- 인종 및 기후 자료 정리
- 변수저장 형식
- Stata 프로그래밍의 기초
- 그룹별 평균계산과 자료병합
- 언어자료 정리
- 횡단면분석 VS 패널분석

국가별 종교 자료

국가별 종교 자료는 ARDA(Association of Religion Data Archives)*에서 확보가 가능하다. 해당 웹사이트에서는 Stata형식으로 자료가 제공되므로 이를 추출하여 사용하면 용이하다. 그러나 해당 자료는 국가별 제1종교(majority region)가 제공되지 않아 연구자가 직접 제1종교를 계산해야 한다. 해당 데이터베이스는 각 종교별 인구수 정보를 제공하기에 Tang & Koveos(2008)와 같이 연구를 수행하기 위해서 제1종교가 기독교인지, 이슬람인지, 불교인지 판별하기 위한 계산이 가능하다. 우선 다운받은 National Religion Dataset.dta를 열어서 확인해보자**.

```
. use "National Religion Dataset"
. browse
```

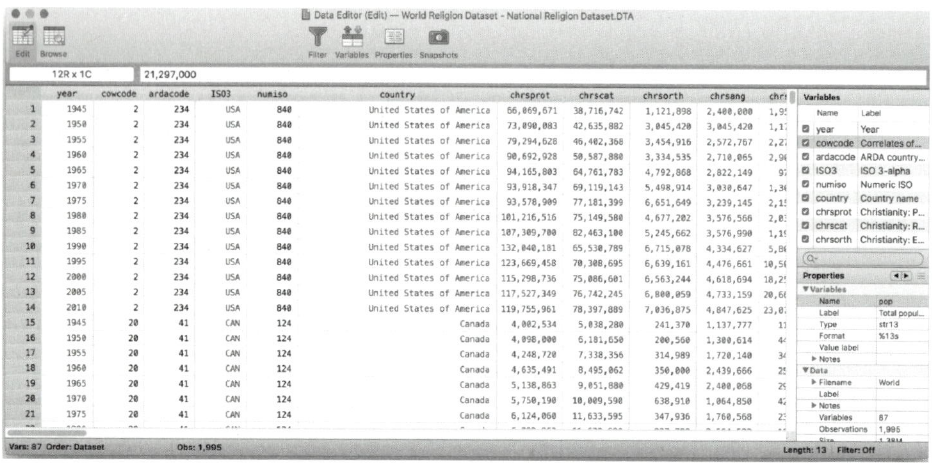

확인한 결과 우리가 필요한 숫자변수가 어떠한 이유에서인지 문자열(string)형식으로 저장되어 제공되었는데 이를 연산 가능한 숫자로 변경할 필요가 있다. 더불어 모든 변수명들이 약어(abbreviation)로 제작되어 변수가 지칭하는 내용이 무엇인지 확인하는 과정이 필요하다. 메모리에 로딩된 데이터셋이나 파일로 저장된 데이터셋 안의 변수 형식을 확인하고 싶으면 describe를 활용하면 된다.

* http://www.thearda.com/Archive/Files/Downloads/WRPNATL_DL2.asp

** 이후 World Religion Dataset - National Religion Dataset.dta을 National Religion Dataset.dta로 명명한다.

```
. describe

Contains data from /Users/MIN/Downloads/World Religion Dataset - National Religion Dataset.DTA
  obs:         1,995
 vars:            87
 size:     1,442,385
--------------------------------------------------------------------------------------------------
              storage   display    value
variable name   type    format     label      variable label
--------------------------------------------------------------------------------------------------
year            str5    %5s                   Year
cowcode         int     %8.0g                 Correlates of War State Code (STATE)
ardacode        int     %8.0g                 ARDA country code (Note: 999 denotes no ARDA code)
ISO3            str4    %4s                   ISO 3-alpha
numiso          int     %8.0g                 Numeric ISO
country         str37   %37s                  Country name
chrsprot        str11   %11s                  Christianity: Protestants, number of adherents (CHRSTPROT)
chrscat         str11   %11s                  Christianity: Roman Catholics, number of adherents (CHRSTCAT)
chrsorth        str11   %11s                  Christianity: Eastern Orthodox, number of adherents (CHRSTORTH)
chrsang         str10   %10s                  Christianity: Anglican, number of adherents (CHRSTANG)
chrsothr        str10   %10s                  Christianity: Other, number of adherents (CHRSTOTHR)
chrsgen         str11   %11s                  Christianity: Total number of adherents (CHRSTGEN)
judorth         str9    %9s                   Judaism: Orthodox, number of adherents
jdcons          str9    %9s                   Judaism: Conservative, number of adherents
judref          str9    %9s                   Judaism: Reform, number of adherents
```

변수저장 형식

describe 명령어를 수행하면 데이터셋에 저장된 변수명과 저장형태, 표현형식, 레이블을 확인할 수 있다. 보통은 연구자나 database를 제공하는 기관에서 축약 변수명을 사용한다면 이들 변수명이 의미하는 바를 자료 추출자에게 알려주기 위해서 레이블에 저장해 둔다(이에 대하여서 간략히 위에서 공부했다). 저장타입(storage type)은 그동안 우리가 눈으로 확인하였던 변수가 숫자형 변수인지, 문자형 변수인지에 대해 정확한 형식을 보여준다. str은 문자형(string) 변수를, byte, int, long, float, double 등은 숫자형 변수 저장방식을 의미한다. str 형식은 보통 str4, str8과 같이 숫자를 동반하는데 뒤에 따라오는 숫자는 문자열변수의 크기를 알려주는 수이다.

이렇게 문자열변수(string variables)의 길이를 지정해주고, 숫자형 변수 형태도 다양한 이유는 과거 메모리가 절대적으로 부족했던 프로그래밍 환경과 관련이 깊다. 과거에는 컴퓨터에 할당된 메모리가 극히 한정되어 프로그래머들이 자원을 무분별하게 사용하다보면 연산과정에서 자원 부족으로 프로그램이 수행되지 않는 일들이 비일비재하였다. 그래서 좋은 프로그래머는 동일한 명령을 수행하는 체계(batch)를 구현하더라도 메모리를 효율적으로 활용하도록 명령어 구문(line)을 작성하여 필요 없는 연산을 줄이는 방안이 최고의 덕목이었다. 물론 아직도 구동시간(running time)을 확보하기 위하여 이러한 덕목이 지켜지고 있지만, 메모리 측면을 고민하는 프로그래머는 확실히 줄었다.

문자형변수의 저장 공간의 개념은 비교적 간단하다 str1은 “a”, “b”와 같이 하나의 알파벳만 저장할 수 있는 공간이고 str3은 “abc”, “def” 등 세 알파벳이 들어갈 수 있는 공간이다. 물론 변수를 사용하던 중 str3에 “abcd”를 넣어야 하는 상황이 발생하면 간단하게 조치가 가능하다. 숫자형 저장 공간은 byte가 가장 기본적인 단위인데 1byte는 8bit공간과 동일하다.

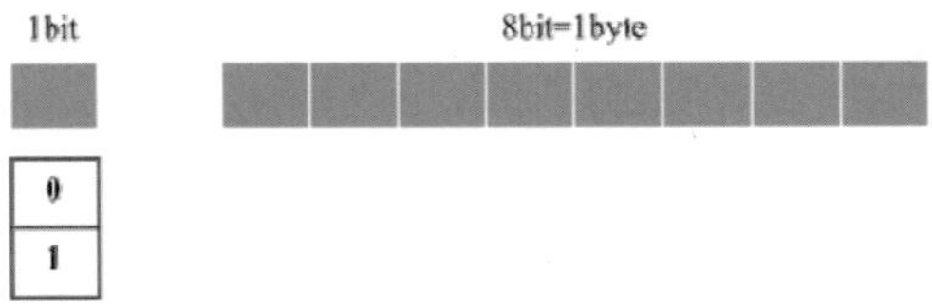

변수의 기본단위는 비트(bit)이다. 컴퓨터는 전원이 공급되는 상태와 그렇지 않은 상태로 상황을 구분하는데, 이를 바탕으로 비트는 0과 1로 상태를 구분한다. 그러나 1비트만으로는 자연 상황에서 존재하는 다양한 숫자를 당연히 표현할 수 없어 비트를 기본으로 byte와 integer, float, double 등의 저장규모(storage size)가 도출되었다. 바이트(byte)는 비트의 8개의 조합으로 구성되어 있어서 2^8(=256)까지 상태표현이 가능하다.

이렇게 숫자형 변수에서 비트규모를 확장시키면서 저장 공간을 확보한 저장체계가 int(integer), long, float, double이다. Stata를 활용하는 연구자는 저장 공간 크기에 주목할 필요는 없다. 만약 integer로 할당된 공간에 이 보다 더 큰 숫자를 할당하고자 한다면 Stata는 자동으로 저장 공간을 확대 확보한다.

Remarks and examples **stata.com**

Storage type	Minimum	Maximum	Closest to 0 without being 0	Bytes
`byte`	−127	100	±1	1
`int`	−32,767	32,740	±1	2
`long`	−2,147,483,647	2,147,483,620	±1	4
`float`	$-1.70141173319 \times 10^{38}$	$1.70141173319 \times 10^{38}$	$\pm 10^{-38}$	4
`double`	$-8.9884656743 \times 10^{307}$	$8.9884656743 \times 10^{307}$	$\pm 10^{-323}$	8

Precision for `float` is 3.795×10^{-8}.

Precision for `double` is 1.414×10^{-16}.

변수 생성 및 변수 변환

우리가 추출한 종교자료는 종교인 수를 나타내는 숫자변수이지만 문자형식로 저장되어 있다(예, chrscat이 str11 형식이다). 새로운 변수를 생성할 뿐만 아니라 변수의 형태를 변경하기 위해서는 gen(generate)이나 egen(extended generate) 명령어를 알아야 한다.

gen or egen syntax

Title : [D] generate — Create or change contents of variable
Syntax : generate [type] newvar[:lblname] **=exp** [if] [in] [, before(varname) | after(varname)]

Title : [D] egen — Extensions to generate
Syntax : egen [type] newvar = **fcn**(arguments) [if] [in] [, options]

gen 명령어는 일반적인 덧셈, 곱셈, 나눗셈 등의 연산규칙에 따라 변수를 생성하는 명령어이며, egen은 gen에서 제공하지 않는 다양한 연산기능을 제공한다. egen과 gen 명령어 뒤에는 연산된 결과가 저장될 변수명이 따르고 내용을 할당(allocation)한다는 의미의 "="가 따라온다. 위에서 확인한 바와 같이 "같다"라는 의미의 "=="과 구분하기 위하여 할당의 의미는 "="연산자를 사용한다. 이후 연산에 해당하는 exp(gen의 경우)나 function(egen의 경우)이 추가된다. egen에서 사용가능한 함수(function)은 다양하기에 help egen에서 문법을 확인하기 바란다.

```
. gen new_chrscat=real(chrscat)
. destring chrscat, gen(newvar) ignore(",")
```

(1)번 줄과 같이 명령어를 사용하면 가장 간단하게 문자열로 저장된 변수를 숫자형 변수로 변환할 수 있다. 그런데 우리가 갖고 있는 자료는 숫자를 문자열로 저장하면서 천 단위를 쉼표(,)로 구분하여 저장되어있다는 사실에 주목해야 한다. gen명령의 real()함수는 순수하게 문자로 표현된 숫자를 그대로 인식할 뿐 중간에 숫자 이외에 다른 문자가 포함된다면 이를 변환하지 못한다. 누누이 Stata문법의 중요성을 강조하는 바와 같이 Stata는 사용자와 같이 직관력을 갖고 있지 못하기에 철저히 문법을 따라야 한다. 그래서 쉼표(,)와 같이 숫자 이외의 구분자가 포함된 문자열

숫자를 변경하기 위해서는 이를 인식할 수 있는 명령어를 사용해야 하는데 이때 사용할 수 있는 명령어가 destring이다.

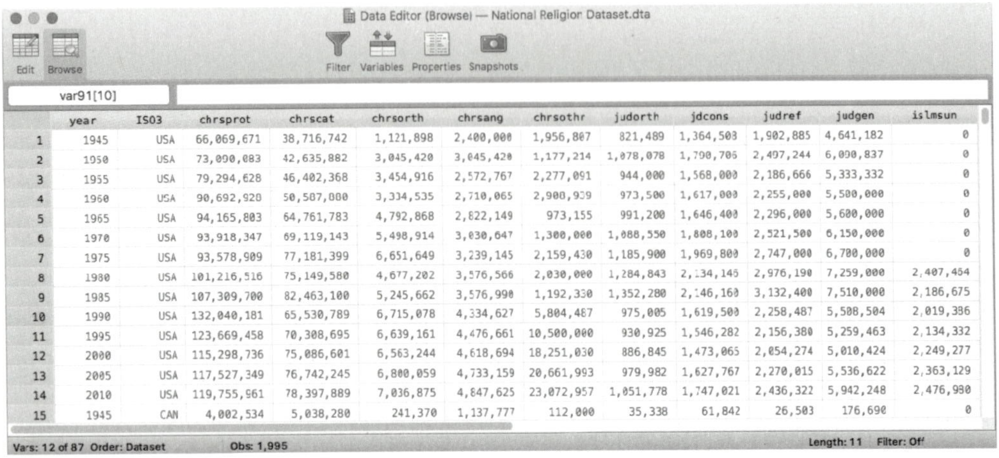

	year	ISO3	chrsprot	chrscat	chrsorth	chrsang	chrsothr	judorth	jdcons	judref	judgen	islmsun
1	1945	USA	66,069,671	38,716,742	1,121,898	2,400,000	1,956,807	821,489	1,364,503	1,902,885	4,641,182	0
2	1950	USA	73,090,083	42,635,882	3,045,420	3,045,420	1,177,214	1,078,078	1,790,706	2,497,244	6,090,837	0
3	1955	USA	79,294,628	46,402,368	3,454,916	2,572,767	2,277,091	944,000	1,568,000	2,186,666	5,333,332	0
4	1960	USA	90,692,920	50,507,000	3,334,535	2,710,065	2,900,939	973,500	1,617,000	2,255,000	5,500,000	0
5	1965	USA	94,165,803	64,761,783	4,792,868	2,822,149	973,155	991,200	1,646,400	2,296,000	5,600,000	0
6	1970	USA	93,918,347	69,119,143	5,498,914	3,030,647	1,300,000	1,088,550	1,808,100	2,521,500	6,150,000	0
7	1975	USA	93,578,909	77,181,399	6,651,649	3,239,145	2,159,430	1,185,900	1,969,800	2,747,000	6,700,000	0
8	1980	USA	101,216,516	75,149,580	4,677,202	3,576,566	2,030,000	1,284,843	2,134,145	2,976,190	7,259,000	2,407,454
9	1985	USA	107,309,700	82,463,100	5,245,662	3,576,990	1,192,330	1,352,280	2,146,160	3,132,400	7,510,000	2,186,675
10	1990	USA	132,040,181	65,530,789	6,715,078	4,334,627	5,804,487	975,005	1,619,500	2,258,487	5,508,504	2,019,386
11	1995	USA	123,669,458	70,308,695	6,639,161	4,476,661	10,500,000	930,925	1,546,282	2,156,380	5,259,463	2,134,332
12	2000	USA	115,298,736	75,086,601	6,563,244	4,618,694	18,251,030	886,845	1,473,065	2,054,274	5,010,424	2,249,277
13	2005	USA	117,527,349	76,742,245	6,800,059	4,733,159	20,661,993	979,982	1,627,767	2,270,015	5,536,622	2,363,129
14	2010	USA	119,755,961	78,397,889	7,036,875	4,847,625	23,072,957	1,051,778	1,747,021	2,436,322	5,942,248	2,476,980
15	1945	CAN	4,002,534	5,038,280	241,370	1,137,777	112,000	35,338	61,842	26,503	176,690	0

string명령어는 다른 형식으로 표현된 변수를 문자열 형식으로 변환시키는 반면, destring 명령어는 **문자로 저장된 숫자**를 숫자 변수로 변환시켜주는 기능을 제공한다. 따라서 위의 변환 명령어 구문에서 (2)번 줄은 chrscat변수를 destring시키는데 콤마는 무시하고 변환하여 newvar이라는 변수에 저장하라는 명령어 구문이 된다. gen, egen명령어와 유사한 기능을 수행하는 명령어가 replace이다. gen과 egen은 새로운 변수를 생성하는 명령어이지만 replace는 기존의 변수명에 새로운 값을 덮어써라(replace)는 명령어로 사용법은 gen과 egen과 유사하다.

Stata 프로그래밍의 기초

우리의 현재 작업 중인 종교 데이터셋에는 문자열로 표현된 숫자 변수가 40개가량 존재하여 이를 진짜 숫자로 변환하기 위해서 이미 공부한 destring명령어로 작업을 수행하더라도 동일한 작업을 40회 가까이 진행해야 한다.

```
. describe
chrsprot        str11   %11s                Christianity: Protestants, number of adherents (CHRSTPROT)
chrscat         str11   %11s                Christianity: Roman Catholics, number of adherents (CHRSTCAT)
chrsorth        str11   %11s                Christianity: Eastern Orthodox, number of adherents (CHRSTORTH)
chrsang         str10   %10s                Christianity: Anglican, number of adherents (CHRSTANG)
chrsothr        str10   %10s                Christianity: Other, number of adherents (CHRSTOTHR)
chrsgen         str11   %11s                Christianity: Total number of adherents (CHRSTGEN)
judorth         str9    %9s                 Judaism: Orthodox, number of adherents
jdcons          str9    %9s                 Judaism: Conservative, number of adherents
judref          str9    %9s                 Judaism: Reform, number of adherents
judothr         str9    %9s                 Judaism: Other, number of adherents
judgen          str9    %9s                 Judaism: Total number of adherents
islmsun         str11   %11s                Islam: Sunni, number of adherents
islmshi         str10   %10s                Islam: Shi'a, number of adherents
islmibd         str9    %9s                 Islam: Ibadhi, number of adherents
islmnat         byte    %8.0g               Islam: Nation of Islam, number of adherents
islmalw         str10   %10s                Islam: Alawite, number of adherents
islmahm         str7    %7s                 Islam: Ahmadiyya, number of adherents
islmothr        str11   %11s                Islam: Other, number of adherents
islmgen         str11   %11s                Islam: Total number of adherents
budmah          str10   %10s                Buddhism: Mahayana, number of adherents
budthr          str10   %10s                Buddhism: Theravada, number of adherents
budothr         str11   %11s                Buddhism: Other, number of adherents
budgen          str11   %11s                Buddhism: Total number of adherents
zorogen         str9    %9s                 Zoroastrian: Total number of adherents
hindgen         str11   %11s                Hindu: Total number of adherents
sikhgen         str10   %10s                Sikh: Total number of adherents
shntgen         str11   %11s                Shinto: Total number of adherents
bahgen          str9    %9s                 Baha'i: Total number of adherents
taogen          str9    %9s                 Taoism: Total number of adherents
jaingen         str9    %9s                 Jain: Total number of adherents
confgen         str9    %9s                 Confucianism: Total number of adherents
syncgen         str11   %11s                Syncretic religions: Total number of adherents
anmgen          str10   %10s                Animist religions: Total number of adherents
nonrelig        str11   %11s                Non-religious: Total number
othrgen         str10   %10s                Other religions: Total number of adherents
sumrelig        str13   %13s                Sum of religion adherents
pop             str13   %13s                Total population
```

물론 "40개 정도야 간단하게 하나하나 정리해 주지"라고 생각할 수 있지만, 이는 시스템주의자인 필자에게는 용납되지 않는다. 누가 확신할 수 있겠는가? 작업 도중 필자가 실수하지 않으리라는 보장이 있다고. 40개야 간단할지 모르지만 수행하면서 하나라도 오류가 발생한다면? 혹은 40개가 아니라 40만개라면? 이라는 생각은 필자에게 작업을 일괄 처리하는 방식을 선호하도록 하였다. 아주 다행히 Stata에서는 단순한 작업을 반복하거나 기존에 존재하지 않는 구문 혹은 명령을 수행하고 싶을 때 사용자가 명령어나 명령어 코드를 제작하여 활용할 수 있도록 해준다. 이러한 과정은 컴퓨터 프로그래밍과 깊이 연관되어 있는데, 이 장에서는 프로그래밍에 대해 모두 알아보기 보다는 40개의 변수를 일일이 바꾸는 방법을 피하는 수준까지만 공부해 보도록 하자.

동일한 구문을 반복하여 사용하는 구문을 프로그래밍에서는 루프(loop) 구문이라고 한다. 루프구문은 일정 조건이 만족하는 한, 조건을 상승시키며 동일 작업을 수행하는 구문으로 Stata에는 while, foreach, forvalues 구문이 존재한다. 본 분석에서 사용한 루프구문은 foreach이다. foreach 문법에도 여러 기능들이 있지만 여기서 사용할 구문은 varlist를 활용한 foreach 루프구문이다. varlist를 활용한 foreach 루프구문은 varlist 다음에 변수명을 나열하면 리스트 중에서 변수를 하나씩 추출하여 괄호안의 작업을 수행한다.

foreach syntax

```
Title : [P] foreach — Loop over items

Syntax
        foreach lname {in|of listtype} list {
            commands referring to `lname'
        }

    Allowed are
        foreach lname of varlist  varlist    {
            commands referring to `lname'
        }
```

```
. foreach i of varlist year chrsprot-pop {
.    destring `i', replace ignore(",")
. }
```

우리 종교 데이터셋에 적용한 구문은 다음과 같다. year변수와 chrsprot변수부터 pop변수까지 변수를 하나씩 추출하여 (i)라는 local macro 안에 저장한다. 지금까지는 local macro는 변수가 아닌 Stata내부에서 사용할 수 있는 별도의 저장 공간 정도로만 알아도 된다. local macro가 포함된 macro 저장 공간은 local뿐만 아니라 global macro도 포함되는데 이를 구분하는 기준은 휘발성 여부이다. global은 Stata가 종료될 때 까지 메모리에 저장되어 있어 이를 수정하고, 다른 구성에서 불러들여 활용할 수 있지만 local은 특정 명령어 구문이 완료되면 그 역할을 다하고 사라지게 된다. 따라서 위에 (i)라는 local macro는 위 명령어 구문이 전부 수행되고 나면 사라진다.

local macro의 접근 방식(access) 측면에서도 변수와 다르다. 변수는 변수명[관측치번호]으로 개별 관측치를 접근할 수 있지만, local macro는 접근하기 위해서는 `로컬 마크로 이름'으로 접근해야 한다. (2)번 명령어 라인에서 변수 하나씩 일시적으로 저장한 local macro i에 접근하기 위하여 `i'를 사용하였다. 그리고 위에서 공부한 바와 같이 destring을 활용하여 "문자로 저장된 숫자"를 숫자로 변환하면서 콤마가 나올 경우 이를 무시하고 숫자로 변경하도록 구문을 작성하였다. 더불어 변수명은 별도로 만들지 말고, 기존 변수명에 저장(replace 옵션)하도록 하였다. 프로그램이 수행되면서 순서가 (3)번에 도착하여 닫는 괄호에 연산 순서가 이르면 변수 리스트에 있는 다음 변수를 local macro i에 할당하면서 종료조건(더 이상 불러올 변수가 있는가?)이 충족하는지 확인하고 만약 종료조건이 충족되지 않았다면(아직 연산해야 할 변수가 남아있다면) foreach 구문을 계속한다. 이 간단한 세 줄로 38개의 변수가 일괄적으로 변경된 것을 확인할 수 있다. 어떤가. 시스템주의자가 되고 싶은가?

```
year: characters , removed; replaced as int
chrsprot: characters , removed; replaced as long
chrscat: characters , removed; replaced as long
chrsorth: characters , removed; replaced as long
chrsang: characters , removed; replaced as long
chrsothr: characters , removed; replaced as long
chrsgen: characters , removed; replaced as long
judorth: characters , removed; replaced as long
jdcons: characters , removed; replaced as long
judref: characters , removed; replaced as long
(2 missing values generated)
judothr: characters , removed; replaced as long
judgen: characters , removed; replaced as long
islmsun: characters , removed; replaced as long
islmshi: characters , removed; replaced as long
islmibd: characters , removed; replaced as long
islmnat already numeric; no replace
islmalw: characters , removed; replaced as long
islmahm: characters , removed; replaced as long
islmothr: characters , removed; replaced as long
(3 missing values generated)
islmgen: characters , removed; replaced as long
budmah: characters , removed; replaced as long
budthr: characters , removed; replaced as long
budothr: characters , removed; replaced as long
budgen: characters , removed; replaced as long
zorogen: characters , removed; replaced as long
hindgen: characters , removed; replaced as long
sikhgen: characters , removed; replaced as long
shntgen: characters , removed; replaced as long
bahgen: characters , removed; replaced as long
taogen: characters , removed; replaced as long
jaingen: characters , removed; replaced as long
confgen: characters , removed; replaced as long
syncgen: characters , removed; replaced as long
anmgen: characters , removed; replaced as long
nonrelig: characters , removed; replaced as long
othrgen: characters , removed; replaced as long
sumrelig: characters , removed; replaced as long
pop: characters , removed; replaced as long
```

제1종교 찾기

우리의 자료에서 제1종교를 찾기 위해서는 모든 종교에서 가장 큰 인구수를 갖는 종교를 찾아내서 이 종교가 개신교인지, 카톨릭인지, 이슬람인지, 유교인지를 판명해야 한다. 논문 속 우리가 찾아내려는 주요 종교가 4개뿐이지만 일단 다른 종교가 제1종교인 나라도 있을 수 있어서 최대

인구수를 갖는 값을 갖는 종교를 우선 찾아야 한다. 일반적으로 변수의 연산은 하나의 변수 내에서 수행된다. 예를 들어 "한국의 GDP 중에서 최대값은 몇 년도인가"와 같이 GDP라는 변수 내에서만 최대값 찾기 연산이 수행된다. 이를 우리가 그 동안 배운 학술적 지식으로 이야기하면 "Stata는 기본적으로 long형식 연산을 수행한다"라고 표현할 수 있다. 그러나 이 번 경우는 각 종교 변수 사이에 최대값을 찾는 연산, 즉 다수의 종교 변수 사이에서 최대값을 찾는 연산을 수행해야 한다. egen에서 나열된 변수 중에서 최대값을 찾아주는 함수가 rowmax()로서 괄호 안에 주어진 변수 중에서 가장 큰 관측치를 찾아서 이를 저장한다.

rowmax()함수를 이용하면 어떤 국가의 1970년대 개신교인(chrsprot)의 숫자가 가장 크다면 해당 관측치의 값을 topreligion이라는 사용자가 지정한 변수에 저장할 수 있다. 이후 관측치별로 topreligion이 어느 변수로부터 왔는지 확인해서 해당 연도의 제1종교를 판단할 수 있다. Tang & Koveos(2008)에서는 이를 dummy변수(그러할 경우에 1, 그렇지 않은 경우에 0의 값을 갖는 질적 변수)로 취급하였기에 우리도 제1종교의 여부를 dummy변수로 저장한다.

우선 (1)번 명령어의 수행으로 소속 종교인 숫자가 가장 많은 수를 topreligion에 저장하였다. 이후 (2)번부터 (5)번 명령어는 우리가 파악한 최대값이 개신교인지, 카톨릭인지, 유교인지, 이슬람인지를 판단하는 구문이다. (2)번 줄의 개신교의 예에서 보면 if 조건문 뒤에 개신교신도의 수(chrsprot)가 우리가 조사한 최대 종교인수(topreligion)과 같다면 protestant라는 변수에 1을 저장하라는 명령어 구문이다.

그런데 (2)번 명령문을 단순히 **if chrsprot == topreligion** 로 지정하지 않았냐는 의문이 생길 수 있는데 해당 명령어 구문과 같이 구성한데는 rowmax()가 갖는 특징에서 이유를 찾을 수 있다. rowmax()함수는 최대값을 전달하는 과정에서 저장하려는 값이 클 경우 $1.23\ e + 21$과 같이 지수(exponential) 형태로 저장하는데, 이때 밑수 1.23과 지수 21만을 저장한다. 이럴 경우 예상할 수 있듯이 기독교인의 실제값이 $1.23154\ e + 21$라면 1.23 이하의 정보는 상실되어 "if chrsprot == topreligion"으로는 우리가 원하는 연산이 수행되지 않는다. 조치를 위해서 우선 1000보다 낮은 숫자는 무시하고 1000이상의 숫자에서 두 관측치가 동일하다면 연산을 수행하기 위해서 (chrsprot/1000) == (topreligion/1000)라는 조건을 사용하였다. 더불어 1000으로 나누었더라도 이를 그대로 사용하면 소수점 자리까지 비교하여 우리의 의도가 제대로 반영될 수 없어 변환된 변수(1000으로 나눈 변수)를 소수점 이하 자리는 무시하고 정수값만 활용하라는 의미에서 int()함수를 추가 하였다.

그런데 여기서 주의해야 할 것은 (2)~(5)번 명령어 구문에서 **조건문을 제외한 실제 명령어**는 gen protestant=1 이라는 점이다. if 조건문 뒤의 연산들은 휘발성 연산으로 변수에 저장되지 않고, 비교를 위하여 일시적으로 활용되고 더 이상 메모리나 파일에 저장되지 않는다. 따라서 (2)번 명령어는 다음과 같이 해석할 수 있다. 1000이하의 숫자는 무시한 개신교 교인수 변수(chrsprot)가 우리가 연산으로 찾아낸 최대교인수(topreligion)의 1000이상의 숫자와 동일하다면 protestant라는 변수에 1을 저장하여라. (3)부터 (5)번 명령어 구문은 변수명만(즉, 종교명) 다를 뿐 동일한 작업을 수행한다. 이렇게 하여 지금까지 우리는 개신교, 카톨릭, 유교, 무슬림 변수에 해당 신자가 그 국가에서 제일 많다면 1을 삽입하였다. 그러나 만약 한국의 islam변수는 어떤 값이 저장될까? 지속적으로 이야기했듯이 Stata는 우리가 지시한 명령만 수행한다. 우리는 지금까지 "~하다면 ~을 수행하라"라고 명령을 내렸지, "~하지 않다면 ~을 수행하라"라는 명령을 내리지 않았다. 당연히 한국은 신도수 측면에서 이슬람이 제1종교가 아니기에 한국의 islam 변수값은 누락처리(. 으로 표시)되는데 추후 연산이 가능하도록 한국의 이슬람 변수와 같이 누락처리 된 관측치들을 "그렇지 않음"을 뜻하는 0으로 채워놓을 필요가 있다. 해당 작업 수행을 위해 추가한 명령어 구문이 (6)번 ~ (9)번으로 "아직까지 우리가 특별히 지시하지 않아 누락 처리된 관측치는(예를 들어 개신교의 경우 if protestant==.) 0으로 교체하라"라는 구문이다. 이제 완성한 변수를 일단 religion.dta에 저장하자(10번 줄)

제1종교 찾기 코드

```
(1) . egen topreligion=rowmax(chrsprot chrscat judgen islmgen budgen zorogen hindgen sikhgen shntgen
      bahgen taogen jaingen confgen syncgen anmgen)
(2) . gen protestant=1 if int(chrsprot/1000) == int(topreligion/1000)
(3) . gen catholic=1 if int(chrscat/1000) == int(topreligion/1000)
(4) . gen confucian=1 if int(confgen/1000) == int(topreligion/1000)
(5) . gen islam=1 if int(islmgen/1000) == int(topreligion/1000)
(6) . replace protestant=0 if protestant==.
(7) . replace catholic=0 if catholic==.
(8) . replace confucian=0 if confucian==.
(9) . replace islam=0 if islam==.
(10) . save religion, replace
```

그룹별 평균계산과 자료병합

Tang & Koveos(2008)는 분석을 위해 변수를 5년으로 평준화하여 활용하였다. 직전에 수집한 종교자료(religion.dta)도 5년 단위로 조사되었지만, 우리의 자료에서 1인당 GDP와 여성 노동시장 참여율만 유일하게 5년 단위가 아닌 연간자료로 구성되어있다. 따라서 해당 논문과 같이 시기별 평균을 구하는 작업을 수행하기 위해 세계은행 자료와 홉스테드 문화지표를 병합한 hofstede_merged.dta 파일을 열어보자

우선 시기별로 연도를 묶어주는 작업을 수행해야 한다. (1)번~(9)번 명령어 구문까지 5년 단위로 각 시기를 구분하는 변수 period를 생성하였다. (10)번에 나타난 명령어는 자료를 축약(collapse)시키는 명령어 구문이다. collapse는 명령어 다음에 나열된 축약하고자 하는 변수를 특정 수준으로 축약하는데 축약 기준은 by() 옵션 다음에 나타나고 평균, 중앙값, 총합 등으로 축약할 수 있다. (10)번 명령어 구문은 period와 국가 코드 별로 「여성 노동시장 참여율」 및 「1인당 GDP변수」와 4개 홉스테드 문화지표를 평균 축약하라는 명령문이다. 홉스테드 문화지표는 우리가 자료를 병합(merge)하면서 연도별로 [다:1] merge를 수행하여 중복 삽입된 자료이기에 평균을 도출하여도 변화되지 않는다. 본 과정이 마음에 걸리는 연구자라면 세계은행 데이터베이스에서 수집한 자료를 홉스테드 문화지표와 병합하기 이전에 자료를 collapse하여 홉스테드 문화지표에 1:1 merge를 수행해도 동일한 결과를 얻을 수 있다.

변수 시기별 평균 계산

```
(1) .gen period=1 if year>=1970 & year<1975
(2) .replace period=2 if year>=1975 & year<1980
(3) .replace period=3 if year>=1980 & year<1985
(4) .replace period=4 if year>=1985 & year<1990
(5) .replace period=5 if year>=1990 & year<1995
(6) .replace period=6 if year>=1995 & year<2000
(7) .replace period=7 if year>=2000 & year<2005
(8) .replace period=8 if year>=2005 & year<2010
(9) .replace period=9 if year>=2010 & year<2015

(10) .collapse (mean) PDI UAI IND MAS Femployer GDPpc, by (period CountryCode)

(11) .drop if period==.
```

```
(12) .gen decades=1970 if period==1
(13) .replace decades=1975 if period==2
(14) .replace decades=1980 if period==3
(15) .replace decades=1985 if period==4
(16) .replace decades=1990 if period==5
(17) .replace decades=1995 if period==6
(18) .replace decades=2000 if period==7
(19) .replace decades=2005 if period==8
(20) .replace decades=2010 if period==9
(21) .save hofstede_merge&collapsed
```

(10)번 구문까지 명령을 수행하면 다음과 같이 데이터셋에서 decades를 제외한 변수가 생성되게 된다.

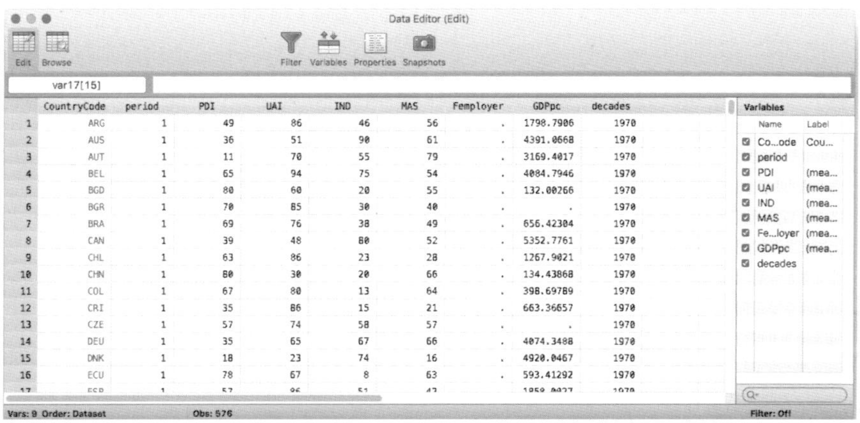

그런데 국제기구에서 제공하는 국별 재무자료는 현재까지 2016년 자료가 존재하지 않는다.* 이는 개별 국가가 본국의 국가통계를 국제기구에 보고하고 국제기구가 이를 통합하는 과정과 무관하지 않다. 국가 통계는 전년도 자료가 당해 연도에 최종 확정되어 본국에서 공표된다. 즉, 개별 국가들은 2015년 국가자료를 2016년에 공표한다. 그러나 국가재정의 경우 본국에서 조사서 작성 및 준비, 실시, 자료수집 및 결과 검증까지 시간이 소요되고, 이를 국제기구에 보고되어 수집 재배포 되기까지 시간이 걸리는데 보통 3년 전 자료가 제공되는 것이 일반적이다. 특별히 국제기구에서 1년 전 자료가 보고되는 경우는 대부분 추정치(estimated)가 보고되고 이후 확정되는 경우이다.

* 원고 작성 시점

따라서 (1)~(9)번 명령어 구문에서 2016년 이후는 period 구분에 포함하지 않아 collapse 이후에 누락 처리된 관측치도 삭제하기 위해 (11)번 명령어 라인을 포함하였다. period변수는 collapse를 수행하기 위하여 작성한 변수이므로 다른 데이터셋과의 병합이나 연구자의 가독성 확보를 위해 시대별 변수로 변환할 필요가 있어 (12)~(20) 명령어 구문으로 decades변수를 생성하였다. 물론 이 또한 연구자가 자료 추출과정에서 연도를 특정하여 세계은행 자료를 추출할 수 있지만, 필자는 일괄처리를 선호하기에 전체 연도 자료를 모두 추출하여 필요 없는 자료를 삭제하는 방향을 택하였다(hofstede_merge&collaped.dta로 저장).

이제 지금까지 수정한 hofstede_merge&collaped.dta와 이전 작성한 religion.dta를 병합해 보자. 우선 religion.dta에서 우리가 필요한 변수는 국가코드 변수(ISO3), 연도변수(year)와 우리가 생성한 제1종교변수 protestant, catholic, confucian, islam 이다. 따라서 religion 데이터셋을 병합 전에 다소 정리할 필요가 있다. 아래 명령어 구문에서 keep명령어는 drop과 정반대 기능을 수행한다. drop은 일정조건에 부합하는 관측치나 변수를 데이터셋에서 지우는 기능을 수행하지만 keep은 일정조건에 부합하는 관측치나 변수만을 데이터셋에 남긴다. 명시한 변수를 제외한 변수는 삭제되었으니 religion.dta를 다시 저장한다.

```
. use religion
. keep year ISO3 country protestant catholic confucian islam
. save religion, replace
```

위에서 실행해본 병합에서 필자가 강조한 부분을 다시 생각해보자. 데이터셋을 병합할 때 가장 중요한 것은? 병합 기준이다. 우리의 두 데이터셋에서 공통적으로 관측치를 구분할 수 있는 변수는 연도변수와 국가코드인데 두 자료에서 사용한 연도변수와 국가코드의 **변수명이 상이**하다. 두 데이터셋에서 변수명이 다르면 이를 기준으로 두 자료를 병합할 수 없게 된다. 따라서 일단 두 데이터셋의 기준 변수의 변수명을 동일하게 통일해준다. religion.dta의 ISO3를 CountryCode로 변환하고, hofstede_merge&collaped.dta의 decade를 year로 변수명을 변경해 준다. 이후 기준이 마련되었으니 메모리에 hofstede.dta를 로딩 시켜놓고 religion을 사용(using 파일)해서 일대일 대응으로 두 데이터셋을 병합하고, 병합이 정상적으로 수행된 관측치만 유지(keep)한다.

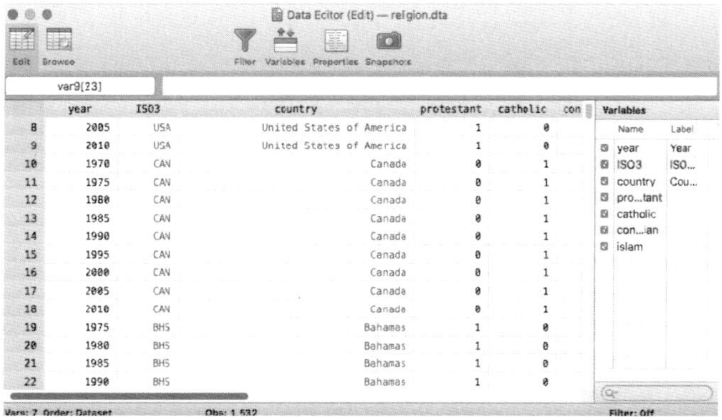

Data Editor (Edit) — religion.dta

var9[23]

	year	ISO3	country	protestant	catholic
8	2005	USA	United States of America	1	0
9	2010	USA	United States of America	1	0
10	1970	CAN	Canada	0	1
11	1975	CAN	Canada	0	1
12	1980	CAN	Canada	0	1
13	1985	CAN	Canada	0	1
14	1990	CAN	Canada	0	1
15	1995	CAN	Canada	0	1
16	2000	CAN	Canada	0	1
17	2005	CAN	Canada	0	1
18	2010	CAN	Canada	0	1
19	1975	BHS	Bahamas	1	0
20	1980	BHS	Bahamas	1	0
21	1985	BHS	Bahamas	1	0
22	1990	BHS	Bahamas	1	0

Vars: 7 Order: Dataset Obs: 1,532 Filter: Off

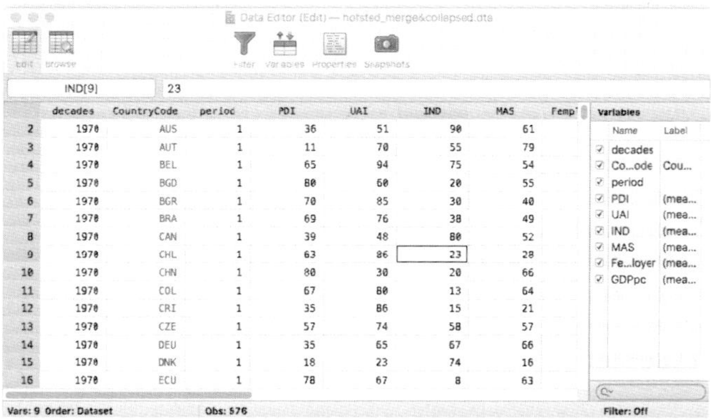

Data Editor (Edit) — hofsted_merge&collapsed.dta

IND[9] 23

	decades	CountryCode	period	PDI	UAI	IND	MAS
2	1970	AUS	1	36	51	90	61
3	1970	AUT	1	11	70	55	79
4	1970	BEL	1	65	94	75	54
5	1970	BGD	1	80	60	20	55
6	1970	BGR	1	70	85	30	40
7	1970	BRA	1	69	76	38	49
8	1970	CAN	1	39	48	80	52
9	1970	CHL	1	63	86	23	28
10	1970	CHN	1	80	30	20	66
11	1970	COL	1	67	80	13	64
12	1970	CRI	1	35	86	15	21
13	1970	CZE	1	57	74	58	57
14	1970	DEU	1	35	65	67	66
15	1970	DNK	1	18	23	74	16
16	1970	ECU	1	78	67	8	63

Vars: 9 Order: Dataset Obs: 576 Filter: Off

```
. use religion
. rename ISO3 CountryCode
. save, replace
. use hofstede_merge&collapsed
. rename decades year
. save, replace
. use hofstede_merge&collapsed
. merge 1:1 CountryCode year using religion
. keep if _merge==3
```

Tang & Koveos(2008)는 문화척도가 측정된 1970년대 1인당 GDP와 홉스테드 문화척도의 관계를 통하여서 해당 문화척도 갱신을 시도하기에 1970년도 경제 지표가 존재하지 않는 국가는 우리의 분석대상이 되지 않아 이들을 데이터셋에서 제거할 필요가 있다. 아래 명령어 라인에서 (1)은 국가코드 별로(bysort CountryCode:) 국가코드가 발생한 빈도를 계산(count)하여 frequency라는 변수에 저장하라는 명령어이다. bysort는 접두사 형식의 조건문으로서 "~별로"의미를 지닌다. 만약 각 시대별로 모든 year를 포함하고 있는 국가는 국가코드가 9번 발견될 것이다*. 따라서 9번 발견되지 않은 국가는 삭제하기 위해 (2)번 줄을 수행하였다. 더불어 나타난 빈도뿐만 아니라 실제 1970년대 1인당 GDP가 값을 보유하고 있지 않아도 우리가 수행하려는 분석을 실시할 수 없으므로 이러한 국가도 삭제해야 한다(3번 명령어 구문).

```
. bysort CountryCode: egen frequency=count(CountryCode)
. keep if frequency==9
. count if GDPpc==.
```

다른 방법으로는 아래 (1)번 명령어 구문처럼 국가별로(bysort CountryCode:) 1970년대 관측치 중 1인당 GDP가 누락값을 갖고 있다면(if year==1970 & GDPpc==.) missing70이라는 변수에 1을 저장하고, missing70에 1이 저장된 국가를 삭제할 수도 있다.

```
. bysort CountryCode: gen missing70=1 if year==1970 & GDPpc==.
. tab CountryCode if missing70==1
```

Country Code	Freq.	Percent	Cum.
BGR	1	20.00	20.00
HUN	1	20.00	40.00
POL	1	20.00	60.00
RUS	1	20.00	80.00
VNM	1	20.00	100.00
Total	5	100.00	

데이터셋에서 위의 5개 국가가 70년대 1인당 GDP가 누락되어 이들 국가들을 삭제할 수도 있다. 연산자에서 확인할 수 있듯이 "|" 는 "or"의 의미여서 국가코드가 BGR이거나 HUN, POL, RUS 및 VNM이라면 삭제하라는 명령어이다. 그리고 (2)번 명령어 라인에서는 자료 병합과 점검을 위해 사용한 _merge, frequency, missing70 변수는 이제 유용성이 다했으니 지워준다. (tab year) 명령어 구문을 실행하여 최종적으로 연도별로 50개 국가가 선택된 것을 확인할 수 있다.

* 1970, 1975, 1980, 1985, 1990, 1995, 2000, 2005, 2010 값을 모두 갖고 있다면 CountryCode는 9번 나타나게 된다.

```
. drop if CountryCode=="BGR" | CountryCode=="HUN" | CountryCode=="POL" ///
  | CountryCode=="RUS" | CountryCode=="VNM"
. drop _merge frequency missing70
. tab year
```

설명문, do-file 및 log file

지금까지 많은 명령어들을 수행해 왔다. 작성한 일련의 명령어들은 자연과학자들이 시험과정에서 시약을 얼마나 사용하였고, 결과가 어떻게 산출됐는지를 적는 연구노트와 같아 사회 과학자에게는 중요한 자료이다. 즉, 어떤 자료를 어디서 추출하였고, 어떤 조작적 정의에 의하여 변수를 재정의하고, 어떤 분석을 실시하였는지를 기록한 일지의 개념이 우리가 그동안 수행한 명령어 일체이다. 그래서 지금까지 수행한 명령어들을 본인이 알아보고 쉽게 저장하는 행위는 사회과학 연구를 수행하는 연구자들에게 중요한 작업이다. Stata에서는 사용자가 수행한 명령어들만 조합해 놓을 수 있는 파일이 있는데 이를 do파일(do-file)이라고 부른다. 만약 연구자가 do-file로부터 출발하지 않고, 명령어 창에서 명령어를 일일이 입력하였다 하더라도 command창에 수록되어 있는 그동안의 명령어들을 복사하여 do-file에 저장할 수 있을 뿐만 아니라 처음 시작단계에서부터 do-file을 활용하여 분석을 수행하고 자료를 경영할 수 있다.

우리는 지금까지 사용한 명령어를 do-file에서 수행하지 않았기에 command 창에 history로 남아있는 명령어들을 do-file로 옮기는 작업을 먼저 수행해 보자. 아래와 같이 일련의 명령어를 명령어 창을 통하여 수행하였더라도 왼쪽 command창에 그동안 실행한 명령어 기록들이 보관되어 있다. command 창에 나열된 명령어들을 control+a로 모두 선택하여 선택된 명령어를 control+c로 일단 복사해 둔다.

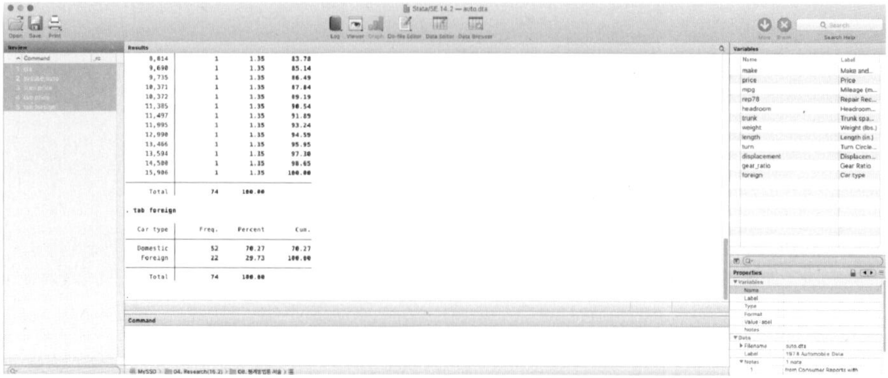

이후 pull-down메뉴에서 file->new->do file을 선택하면 아래 오른쪽과 같이 do-file editor창이 나타난다. 이 editor창에 복사한 명령어 전체 구문을 control+v로 붙여 놓는다.

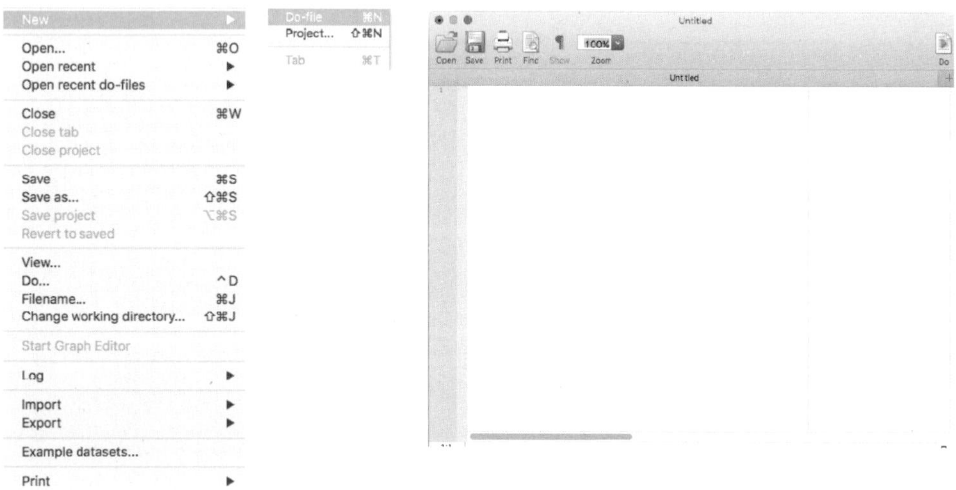

do-file은 연구자가 수행한 명령어들을 보관할 수 있다는 장점도 있지만 해당 editor창에 설명을 추가할 수 있다는 장점도 있다. Stata는 기본적으로 설명문을 명령문으로 해석하지 않지만, 특정 문장이 명령어가 아닌 설명문임을 Stata에 알려줄 필요는 있다. 이때 사용하는 인식자가 //, *, /* */ 이다. //와 *는 해당 인식자가 위치한 하나의 줄만 설명문으로 인식하게 해준다. 특히 *인식자는 명령어 그룹을 지정해 주기에 유용하다. 다중 라인의 설명문을 입력하기 위해서는 /*로 설명문을 열어주고 */로 설명문을 닫아주면 된다.

do-file의 또 다른 유용성은 동일한 명령문을 다시 수행해야 할 때 또 다시 동일한 명령어 구문을 작성할 필요가 없다는 점이다. 만약 연구자가 위 그림의 (3)번 명령어만 재수행하고 싶다면 3번 명령어 라인만 마우스로 **선택하여** 오른쪽 상단에 있는 를 클릭하면 된다. 어떤 명령어 라인도 선택하지 않고 를 누르면 do-file 내에 존재하는 모든 명령어 구문이 수행되기에 조심해야 한다. do-file에서 활용할 수 있는 또 다른 인식자는 ///이다. 사선 세 개를 동시에 사용하는 ///는 전행과 후행이 하나의 명령어 구문임을 알려주는 인식자이다. 아래 그림과 같이 아무리 명령어 구문이 길더라도 이어지는 문장 제일 끝에 ///를 사용하면 Stata는 (33)줄에 있는 명령어 라인과 (34)번 줄에 있는 명령어 라인은 하나의 명령어 라인으로 인식한다. Stata의 기본적인 명령어 구조는 "명령어+변수+옵션"이기에 만약 (33)번 줄 뒤에 ///를 표기하지 않는다면 (34)번 줄은 weight가 변수가 아닌 명령어라고 인식하고 "weight라는 명령어는 알 수 없습니다(command **weight** is unrecognized)"라고 에러 메시지를 보낸다. 따라서 (34)번줄과 (35)번 줄이 연속된 명령어 구문이면 이를 알려주기 위해서 (34)번 명령어 뒤에 ///를 붙여야 한다. 연속 인식자를 삽입한 후 (34)줄과 (35)줄을 동시에 선택하여 를 클릭하면 에러 없이 명령어 구문이 수행된다. do-file을 저장하는 방식은 다른 어플케이션에서 파일을(예를 들어 MS office 파일을 저장) 저장하는 방식과 동일하다.

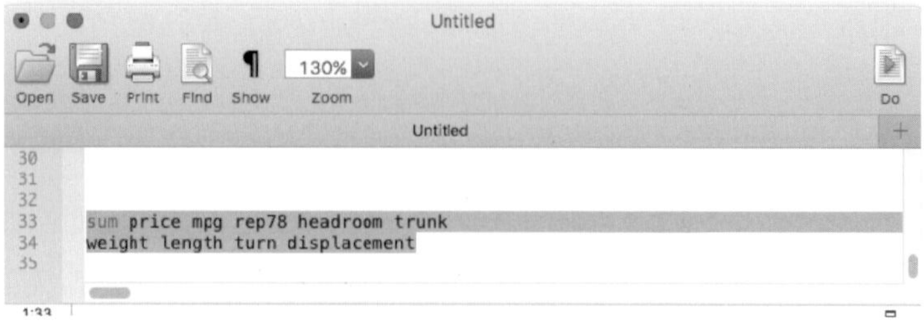

필자는 많이 사용하지는 않으나 필요한 기능이 화면 출력 결과를 저장하는 기능일 것이다. 화면 출력 결과저장은 log파일이라는 곳에 저장되는데 컴퓨터에 익숙한 사람이라면 log파일이 컴퓨터가 수행한 일련의 결과 및 과정들을 저장해 두는 파일이라는 점에 익숙할 것이다. log 파일은 do-file과 달리 일단 화면에 출력된 결과는 log파일에 저장할 수 없고, log파일을 연 순간부터의 결과물이 저장된다. Stata 결과창은 사용자가 수행한 모든 결과를 보여주지 않는다. 더불어 Stata는 어느 정도 이상의 결과가 출력되면 오래된 결과부터 출력창에서 삭제하기에, 분석을 수행한 후부터 결론을 내리기까지 전체 결과를 확인하고 싶거나, 매일 매일의 결과를 저장하고 싶은 연구자라면 log파일을 사용해야 한다.

log 파일을 적극적으로 사용하고자 하는 연구자라면 일단 Stata로 분석을 수행할 때는 무조건 log 파일을 여는 습관을 들이는 것이 중요하다. Stata log 파일은 (1)번 명령어 라인과 같이 일단 저장하고자 하는 파일명을 확정한 후 시작한다. 해당 명령어를 수행하면 log파일의 저장위치는 어디인지, 어떤 형식으로 저장되는지, 언제 생성된 log파일인지를 알려준다. 이 후 작업을 모두 수행하여 log를 닫고자 한다면 (2)번 명령어 라인과 같이 수행하면 된다. 또한 log 종료 후 동일 이름의 log파일의 뒷부분부터 이어서 사용하고 싶으면 (3)번 줄과 같이 append 옵션을 사용하고, 기존 log파일의 내용을 무시하고 덮어 쓰고 싶으면 replace 옵션을 사용하면 된다.

독자들이 (1)번 구문을 수행하면 log를 smcl형식으로 시작한다는 메시지를 확인할 수 있을 것이다. 위에서 이야기 했다시피 log는 모든 컴퓨터 시스템에서 사용하는 자료로 특정 어플리케이션은 특정한 확장자로 log파일을 생성할 수 있다. smcl은 바로 Stata가 저장하는 log파일 형식이다. 물론 Stata는 txt형식으로도 log파일을 저장할 수 있도록 기능을 제공하는데 필자는 다른 파일 형식으로 저장하는 방식을 추천하지 않는다. 왜냐하면 smcl방식은 Stata결과창에 나타난 그 모습 그대로를 저장하는 형식이라 Stata에 최적화되어 있어 log파일을 다시 열어도 깔끔하지만, 만약

txt형식으로 저장한다면 다음에 log파일을 다시 열 때 Stata형식에 맞지 않아 지저분해 보일 수 있어서이다.

```
. log using log_test
. log close
. log using log_test, append
. log using log_test, replace
```

언어자료 정리

UN데이터베이스에서 언어 자료(Population by language, sex and urban/rural residence)를 다운로드 받아보면* 엑셀파일이 아닌 csv파일로 제작되어 있다. csv파일을 불러오는 방식은 엑셀자료를 불러오는 방식과 크게 다르지는 않지만 다소의 차이는 존재한다. csv파일은 사실상 text파일로서 콤마(,)로 자료의 필드가 구분된 형식이다. 그래서 엑셀자료 불러오기와 유사하지만 file-import 메뉴에서 "Text data"를 선택해야 csv파일을 불러올 수 있다. 자료를 불러오면 출력창에 (1)번 명령어 구문과 같이 명령어가 실행되었음이 확인 가능하다.

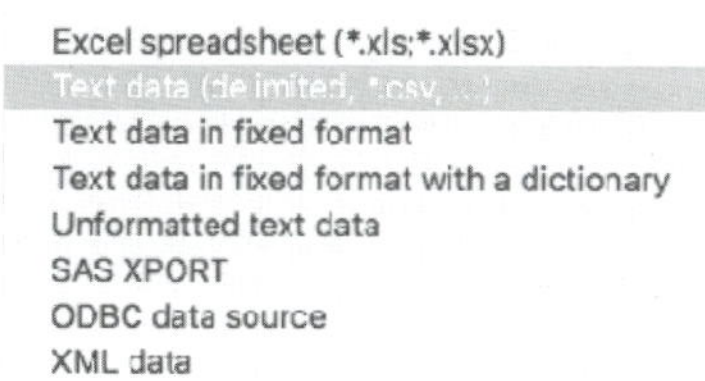

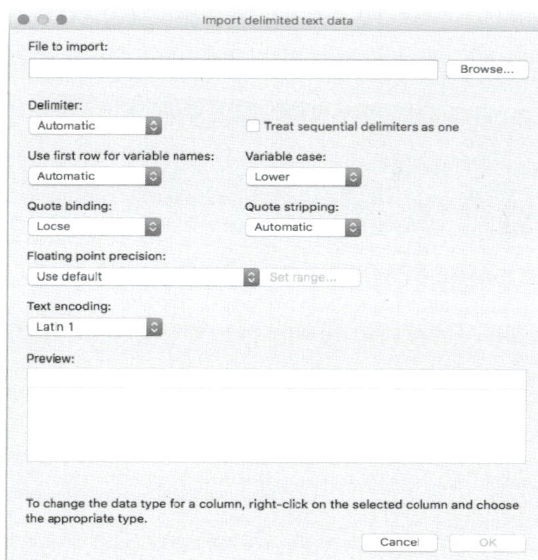

* http://data.un.org/Data.aspx?d=POP&f=tableCode:27

이후 (2)번 명령어 구문으로 필요하지 않은 변수들을 삭제해 준다. 더불어 string 변수로 import 된 year변수를 숫자로 전환하고(4번 명령어 구문), 원자료를 정리한 후(5번 명령어 구문) 변수명을 수정한다(6번 명령어 구문). 이후 우리가 필요한 자료는 도농을 구분하지 않은 전체 자료와 남성과 여성이 사용하는 언어를 구분하지 않아서 area는 "Total"이고 sex는 "Both Sexes"만 남기고 해당 변수도 삭제한다(8~9번 명령어 구문). 국가별 제1언어는 시대에 따라 급변하지 않을 것이고, 또한 우리의 추정과정에서 언어는 문화 변화의 저항요인이기에 국가 및 언어별로 사용인구의 평균을 구한다(12번 명령어 구문).

원천 논문에서 영어, 스페인어, 독일어 사용여부만 언어 요인으로 반영되었기에 제1언어가 이에 해당하는지만 점검하면 된다. 따라서 제1언어를 찾기 위한 기초 작업으로 각 국가의 언어 중 우리가 목표로 하는 언어가 있는지 target을 설정해 둔다(13~16번 구문). language 변수에는 각 언어별 사용인구 뿐만 아니라 전체 언어 사용인구(전체 인구)가 포함되어있다. 만약 이를 제외하지 않고 제1 언어를 찾고자 한다면 언제나 특정 국가의 제1언어는 "Total"이라는 결과가 나오기에 language 변수에서 "Total"로 표시된 관측치를 삭제해 준다(19번 명령어 구문).

제1언어를 찾는 과정은 제1종교를 찾는 과정과 유사하다. 다만 제1종교를 찾는 과정에서는 종교가 wide형태로 구성되어 있어 rowmax()함수로 제1종교를 찾았지만 제1언어는 long형식으로 구성되어 있어서 다른 접근 방식으로 제1언어를 찾아야 한다. 우선 국가별로 언어 사용인구가 가장 많은 값(value, 즉 해당 언어의 사용인구)을 찾아서 maxlang에 저장한다(21번 명령어 구문). 이후 국가별로 maxlang과 같은 값이 저장된 value 변수의 관측치는 해당 국가의 제1언어가 된다. 따라서 toplang을 생성하여 국가별로 사용인구가 가장 많은 언어가 있는 관측치만 해당변수에 1을 할당한다(22번 명령어 구문). 우리는 (13)번 명령어 구문에서 english를 target 1로 지정해 놓았기에 만약 toplang이 target 1과 일치한다면(if toplang==1 & target==1) 그 국가의 제1언어는 영어가 된다. 따라서 (if toplang==1 & target==1)인 언어에 english 변수를 생성하고 1을 저장해 둔다(23번 명령어 구문). 스페인어와 독일어도 동일한 방법으로 국가별 제1언어 변수를 생성한다 (24~25번 구문).

지금까지 어떤 작업이 수행됐는지 확인해 보자. english 변수를 생성하여 어떤 국가에 영어 사용인구가 있고 영어가 제1언어라면 해당 관측치에 1(english==1)을 저장해 두었다. 그러나 이 작업에서 제1언어가 영어가 아닐 경우에 대한 작업은 명시되어 있지 않다. 다시 말해 Stata는 정직하게 우리가 시키지 않은 일은 하지 않은 것이다. 앞으로의 설명은 "우리가 시키지 않은 일은 Stata가 하지 않았다"와 "Stata에서 누락값은 일반적인 연산에는 사용되지 않는 아주 큰 값이 저장되어 있다"는 사실에서 발생하는 문제를 해결하기 위한 긴 설명이다.

괌(Guam)의 예를 보자. 괌은 영어 사용인구(58034.5)와 최대 언어 사용인구(58034.5)가 동일하기에 language변수가 "English"인 toplang 관측치에 1이 저장되었다. 또한 toplang과 language 변수의 "English"가 일치하는 english변수의 관측치에 1이 저장되었다. 이제 우리가 할 일은 english변수를 생성했으니(spanish 및 german 변수도 마찬가지) 국가별 제1언어 여부만 남기기 위해 국가별로 english 변수(spanish 및 german 변수도 마찬가지)를 collapse해야 한다. 이제 제1언어를 collapse하는 과정에서 국가별로 최대값을 저장할 것인가, 아니면 평균값을 저장할 것인가를 연구자가 판단할 일이 남아 있다.

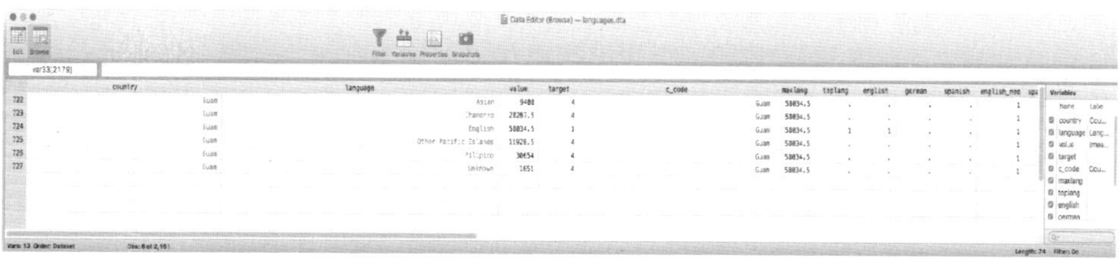

위 그림의 예에서 누락 관측치 5개와 누락되지 않은 관측치 1의 평균을 저장하라고 했을 때 우리가 기대한 바와 같이 1을 저장할 것인가, 아니면 최대값을 저장하라고 명령을 내렸을 때 1을 저장할 것인가 예측해야 한다. 앞에서 누락값의 조건부 명령문에서 공부한 바와 같다면 누락변수는 사실상 큰 값이라고 하였기에 collapse (max) english, by(country)라는 명령어를 내렸을 때 1이 저장되지 않고 누락 값이 저장되면 우리의 예상을 빗나간 연산이 이루어지게 된다. 또한 collapse (mean) english, by(country)라고 명령을 수행하더라도 아주 큰 값을 가진 다섯 개의 관측치와 1값을 가진 하나의 관측치의 평균을 collapse할 수 있는 일이다.

물론 대부분의 Stata명령어는 사용자 조건이 걸리지 않는 이상 기본 내장 연산에서는 누락값을 제외하고 연산을 수행한다. 그러나 우리는 항상 Stata의 연산이 우리의 기대와 달리 수행될 가능성이 있다는 사실에 주의를 기울여야 한다. 이는 Stata나 연구자 누구의 잘못도 아닌 서로 다른 연산 회로를 가져서라고 생각하면 좋겠다. 따라서 어떠한 경우에도 연산이 연구자가 예상한 바와 같이 수행될 것이라는 확신을 버리고, 변수나 자료를 생성하면 연구자가 원하는 방향으로 연산이 완료됐는지 확인하는 습관이 필요하다.

STATA 코드

```
.import delimited "UNdata_Export.csv", encoding(ISO-8859-1)
.drop recordtype reliability sourceyear valuefootnotes

.gen yr=real(year)
.drop year
.rename (yr countryorarea) (year country)

.keep if area=="Total" & sex=="Both Sexes"
.drop area sex
.tab year

.collapse (mean) value, by(country language)
.gen target=1 if language=="English"
.replace target=2 if language=="Spanish"
.replace target=3 if language=="German"
.replace target=4 if target==.

.sort country language
.drop if language=="Total"

.bysort country: egen maxlang=max(value)
.bysort country: gen toplang=1 if value==maxlang
.gen english=1 if toplang==1 & target==1
.gen spanish=1 if toplang==1 & target==2
.gen german=1 if toplang==1 & target==3

.bysort country: egen english_neo=max(english)
.bysort country: egen spanish_neo=max(spanish)
.bysort country: egen german_neo=max(german)
.collapse (mean) english_neo spanish_neo german_neo, by(country)
.replace english_neo=0 if english_neo==.
.replace spanish_neo=0 if spanish_neo==.
.replace german_neo=0 if german_neo==.
```

위에서 언급한 혹시 모를 불상사를 위하여(평균으로 collapse를 수행하려고 하는데 혹시 모를 누락관측치의 영향을 상쇄하기 위하여) 신규 언어 변수를 생성하였다. (27)~(29)번 명령어 구문은 각 국가의 english, spanish, german값에 1이 있다면 누락 관측치를 모두 채워주는 작업을 수행하는 구문이다. 이후 국가별로 언어변수를 평균값으로 collapse하고(30번 명령어 구문), 누락관측치는 0으로 전환해 준다(31~33번 명령어 구문).

이제 언어자료(이제까지 완성된 언어자료를 language.dta에 저장하자)를 우리가 취합하고 있는 dataset에 병합할 차례이다. 지금까지 완성된 hofstede_merge&collaped.dta를 메모리에 로딩하고 language.dta를 병합하는데 master file은 연도가 포함된 자료이므로 다대일(merge m:1) 병합을 수행한다.

```
. merge m:1 CountryCode using language
. drop _merge
. save, replace
```

인종 및 기후 자료 정리

지금쯤이면 원하는 데이터베이스에서 자료를 다운로드받고, 이를 Stata로 변환한 후 병합하는 과정은 쉽게 진행할 수 있을 것이라 생각된다. 인종 및 기후 자료는 CIA factbook에서 입수한다*. CIA factbook은 데이터베이스화되어 있지 않아 일단 우리의 자료에서 국가코드와 국가명을 엑셀로 export시킨 후 엑셀 자료에 코딩하도록 한다. country변수와 CountryCode가 연도별로 중복되었기에 특정 연도의 국가코드와 국가명을 export하기 위하여 (2)번 구문을 수행해준다. 이후 country와 CountryCode만을 유지하고(3번 구문) 자료를 export해준다(4번 구문).

```
. use hofstede_merge&collapsed.dta
. keep if period==1
. keep country CountryCode
. export excel using "otherinfor"
. clear
```

* 기후 : https://www.cia.gov/library/publications/the-world-factbook/fields/2059.html
인종 : https://www.cia.gov/library/publications/the-world-factbook/fields/2075.html

export는 import의 정반대 기능을 수행해 준다. 즉, Stata 데이터셋을 원하는 자료구조로 출력해 준다. 메뉴에서 file->export->Data to Excel spreadsheet를 선택하면 아래와 같은 dialog 박스를 보여준다. 상단의 박스는 변수명을 변경할 수 있도록 해주는데, 빈 칸으로 유지하면 데이터셋에 있는 변수명이 그대로 export된다. 둘째 박스에는 export될 파일명을 지정할 수 있는데 우리는 지금까지 자료 이외의 자료를 입력한 엑셀을 출력하려고 하기에 otherinfor라는 파일명으로 export 하도록 하자. 이후 OK를 누르면 국가코드와 국가명만 유지된 엑셀이 현재 작업공간에 저장되고 우리가 수행한 명령어가 그대로 출력창에 명시된다. 이후 자료를 저장하지 말고 꼭 clear 해줘야 하는데 만약 그렇지 않고 자료를 저장하면 국가 코드 추출을 위해 위에 수행한 (3)번 keep 명령어 구문으로 우리가 그동안 작성한 데이터가 모두 삭제되고 country와 CountryCode만 남게 된다.

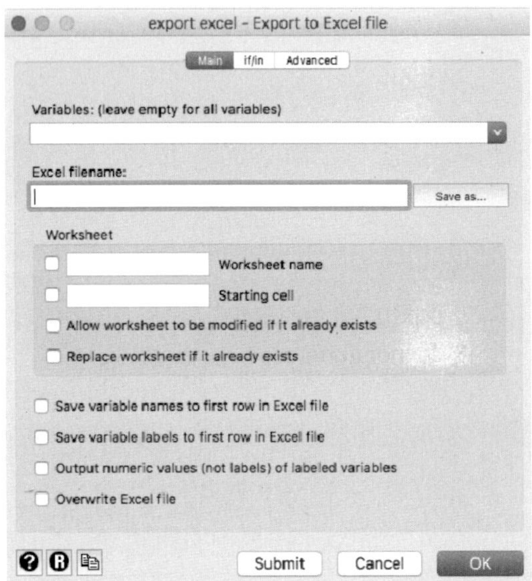

출력된 엑셀 자료에 우리가 입력하려고 하는 지배적인 인종집단이 있는지 변수(ethnic), 기후가 열대성기후인지(tropical), 아열대기후인지(subtropical), 대륙성기후인지(continental), 사막기후인지(desert)를 나타내는 변수를 생성해 준다. 이후 CIA factbook의 링크된 페이지를 방문하여 해당사항이 존재하면 1로 표시, 그렇지 않으면 0으로 표시한다. 그러나 그렇지 않은 경우를 0으로 표시하지 않아도 완성된 엑셀 자료를 Stata에 불러와서 누락 처리된 자료를 0으로 바꿔주는 작업을 수행하면 훨씬 수월하다.

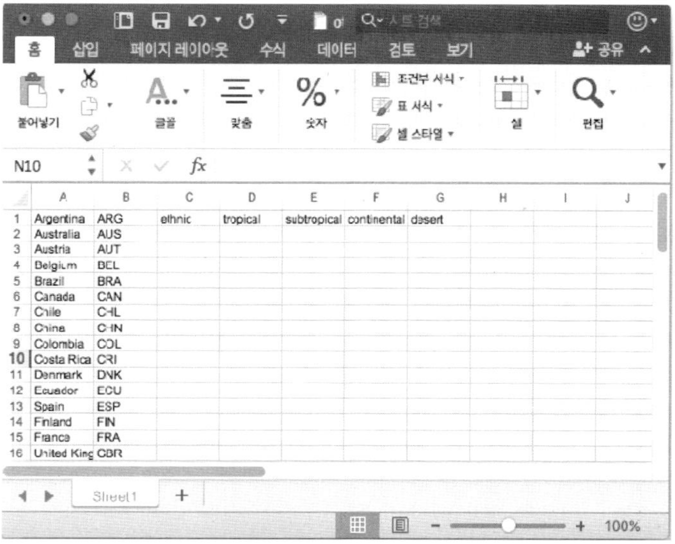

해당 자료를 Stata로 불러와서 기존 데이터셋과 병합하는 과정은 위에서 충분히 설명하여 중복되기에 생략한다. 지금까지 common law가 있는지 여부를 제외한 Tang & Koveos(2008)가 생성한 자료와 유사한 자료를 생성하였다. 본 자료는 Tang & Koveos가 수집한 자료와 완전히 동일하지 않을 수 있다. 그 이유는 GDP와 같은 세계은행 자료는 일정기간이 흐르면 재평가(revaluation)을 통해서 자료를 재공개하기 때문이다. 뿐만 아니라 Tang & Koveos(2008)는 기후 및 언어, 인종 자료의 수집출처를 명확히 밝히고 있지 않다. 이제 완결된 데이터셋을 hotstede_final.dta라고 저장하고 이후 실제적인 분석에 돌입해 보도록 한다.

```
. save hofstede_final.dta
```

횡단면분석 VS 패널분석

잠깐. 마냥 들떠있을 독자에게 미안하지만 아직 본격적인 자료 분석으로 넘어가기 전에 수행할 작업이 남아있다. 현재까지 우리가 생성한 자료는 연간 자료가 아닌 5년 평균의 경제자료가 포함되어 있기는 하지만 분명 패널자료이다. 위에서 설명한 바와 같이 패널자료는 각 패널과 연도별로 자료가 long type으로 확보된 자료이다. 반면 Tang & Koveos(2008)가 수행한 연구는 특정시점(1970)에서의 1인당 GDP와 홉스테드 문화지표와의 관계를 바탕으로 이를 다른 시점(1990년)으로 확대 적용하여 새로운 홉스테드 문화지표를 추정한 연구이기에 횡단면 분석 연구다. 그들의 연구를 코드카피하기 위해서는 GDPpc나 Femployer가 long type으로 구성되어 있으면 안 되고 wide type으로 구성돼야 해서 두 변수를 wide 형태로 변환하는 작업을 수행해야 한다.

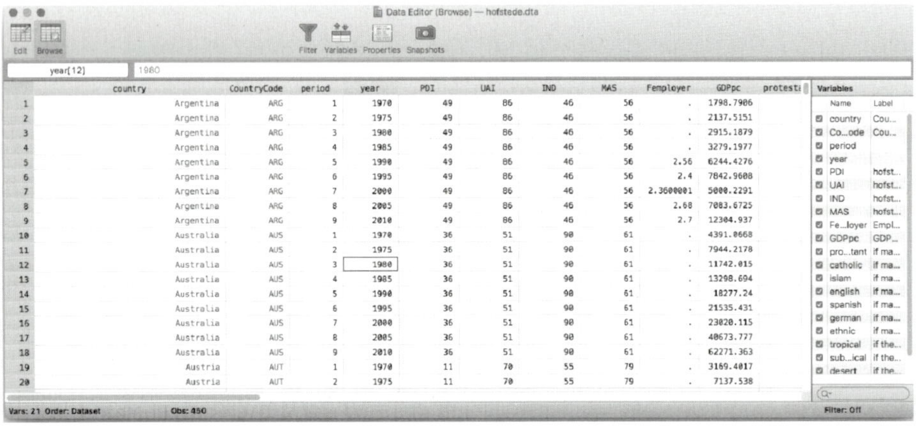

	country	CountryCode	period	year	PDI	UAI	IND	MAS	Femployer	GDPpc
1	Argentina	ARG	1	1970	49	86	46	56	.	1798.7906
2	Argentina	ARG	2	1975	49	86	46	56	.	2137.5151
3	Argentina	ARG	3	1980	49	86	46	56	.	2915.1879
4	Argentina	ARG	4	1985	49	86	46	56	.	3279.1977
5	Argentina	ARG	5	1990	49	86	46	56	2.56	6244.4276
6	Argentina	ARG	6	1995	49	86	46	56	2.4	7842.9608
7	Argentina	ARG	7	2000	49	86	46	56	2.3600001	5000.2291
8	Argentina	ARG	8	2005	49	86	46	56	2.68	7083.6725
9	Argentina	ARG	9	2010	49	86	46	56	2.7	12304.937
10	Australia	AUS	1	1970	36	51	90	61	.	4391.0668
11	Australia	AUS	2	1975	36	51	90	61	.	7944.2178
12	Australia	AUS	3	1980	36	51	90	61	.	11742.015
13	Australia	AUS	4	1985	36	51	90	61	.	13298.694
14	Australia	AUS	5	1990	36	51	90	61	.	18277.24
15	Australia	AUS	6	1995	36	51	90	61	.	21535.431
16	Australia	AUS	7	2000	36	51	90	61	.	23020.115
17	Australia	AUS	8	2005	36	51	90	61	.	40673.777
18	Australia	AUS	9	2010	36	51	90	61	.	62271.363
19	Austria	AUT	1	1970	11	70	55	79	.	3169.4017
20	Austria	AUT	2	1975	11	70	55	79	.	7137.538

이제는 wide->long 형식 변경과 long->wide 형식 변경은 도사가 됐을 테니 간략히 넘어가자. 일단 1970년대 초반과 1990년대 초반의 자료만 필요하므로 두 개 년도의 자료만 보관한 다음 이를 국가코드별로 wide로 변한하고 변수 이름을 변경하여 저장한다(1번 구문 ~ 7번 구문). 여성 노동시장 참여비율과 1인당 GDP를 제외한 변수는 시간에 대하여 불변 변수이므로 특정 연도만 지정하여 자료를 저장한 후 방금 전 wide로 변경한 자료와 병합을 실시한다(9번 구문 ~ 14번 구문).

STATA 코드

```
(1) . use hofstede_final, clear
(2) . * time data reshape to wide
(3) . keep CountryCode period Femployer lnGDPpc
(4) . keep if period==1 | period==5
(5) . reshape wide Femployer lnGDPpc, i(CountryCode) j(period)
(6) . rename (Femployer1 lnGDPpc1 Femployer5 lnGDPpc5) (Femployer70 ///
      lnGDPpc70  Femployer90 lnGDPpc90)
(7) . save temp
(8) . * keeping time invariant data
(9) . use hofstede_final, clear
(10) . keep if period==1
(11) . drop period year Femployer GDPpc lnGDPpc
(12) . * merging time invariant data with time variant data
(13) . merge 1:1 CountryCode using temp
(14) . save hofstede_final, replace
```

PART 3

본격 코드카피 : 요리하기

CHAPTER 01

실전 회귀분석

- 재료 신선도 확인하기
- Stata 그래핑과 카피 논문의 이론적 배경
- 회귀분석 및 결과보고 형식
- TK모형의 완성
- 코드카피, 정말 제대로 되었는가?

재료 신선도 확인하기

초보 연구자들은 데이터가 확보되면 일단 실증분석에 돌입하고자 하는 강한 욕구를 느낀다. 좋은 요리사는 시장에서 사온 재료가 신선한지, 맛과 향의 특징으로 본인이 만들려는 요리에 적합한지 점검하여 좋은 음식을 만들 준비를 한다. 연구자들도 좋은 논문을 작성하기 위하여 본인 손에 입수된 자료가 갖는 성격을 정확히 파악하여 적절한 계량분석 모형을 선택해야 한다. 데이터의 성격 파악은 향후 사용할 계량경제학 모형 선택 시 중요할 뿐만 아니라, 데이터가 내재적으로 갖고 있는 문제를 선결할 수 있어 매우 중요하다.

```
. desc

  obs:            48
 vars:            27                          3 Nov 2019 20:02
 size:         5,184                          (_dta has notes)
--------------------------------------------------------------------------------
              storage   display    value
variable name   type    format     label      variable label
--------------------------------------------------------------------------------
country         str46   %46s
CountryCode     str6    %9s
PDI             byte    %10.0g
IND             byte    %10.0g
UAI             byte    %10.0g
MAS             byte    %10.0g
PDI_TK          byte    %10.0g
IND_TK          int     %10.0g
UAI_TK          byte    %10.0g
MAS_TK          byte    %10.0g
religionfrict~n double  %10.0g
catholic        byte    %8.0g
islam           byte    %8.0g
lutheran        byte    %8.0g
protestant      byte    %8.0g
buddism         float   %9.0g
english         byte    %8.0g
germany         byte    %8.0g
spanish         byte    %8.0g
Dethnic         byte    %10.0g
femalelabor     double  %10.0g
regulation      double  %10.0g
latitude        byte    %10.0g
tropical        byte    %10.0g
desert          byte    %10.0g
GDPpc70         float   %9.0g
GDPpc90         float   %9.0g
--------------------------------------------------------------------------------
```

이미 배운 describe 명령어로 자료 구조를 우선 파악해 보자. 우리가 향후 코드카피의 타당성을 확보하는 과정에서 필요하거나 독자가 추가로 분석할 경우를 대비하여 필자가 몇 가지 변수를 추가하여 자료를 완성하였다. country와 CountryCode를 제외한 변수는 모두 숫자형 변수로서 향후 우리가 연산을 수행하기에 무리가 없음을 보여준다. 그러나 variable label에 우리가 생성한 변수가 어떻게 취합했는지에 정보가 정확히 담겨있지 않아 향후 우리가 활용하거나, 혹은 오랜 시간이 흐른 후에 본인이 파일을 열어보아도 이해를 못할 수 있다. 따라서 위에서 배운 변수 labeling을 통하여 각 변수의 출처 및 내용을 저장하도록 하자.

레이블 변경 Stata 코드

```
. label variable country "country's name"
. label variable CountryCode "country's ISO3 code"
. label variable PDI "hofstede's PDI"
. label variable UAI "hofstede's UAI"
. label variable IND "hofstede's IND"
. label variable MAS "hofstede's MAS"
. label variable PDI_TK "Tang&Koveos's updated PDI"
. label variable UAI_TK "Tang&Koveos's updated UAI"
. label variable IND_TK "Tang&Koveos's updated IND"
. label variable MAS_TK "Tang&Koveos's updated MAS"
. label variable religionfriction "100% if a religion monopolizing"
. label variable catholic "1 if majority religion is catholic"
. label variable islam "1 if majority religion is islam"
. label variable lutheran "1 if majority religion is lutheran"
. label variable protestant "1 if majority religion is protestant"
. label variable buddism "1 if majority religion is buddism"
. label variable confucian "1 if majority religion is confucian"
. label variable english "1 if majority language is english"
. label variable germany "1 if majority language is german"
. label variable spanish "1 if majority language is spanish"
. label variable Dethnic "100% if an ethnic group monopolizing"
. label variable femalelabor "Employers, female(% of employment) from WB"
. label variable regulation "regulation index from WEF"
. label variable latitude "a country's latitude"
. label variable tropical "1 if the country is located in tropical climate"
. label variable subtropical "1 if the country is located in subtropical climate"
. label variable continental "1 if the country is located in continental climate"
. label variable desert "1 if the country is located in desert climate"
. label variable GDPpc70 "GDP per capita(current US$) from WB at 70s"
. label variable GDPpc90 "GDP per capita(current US$) from WB at 90s"
. save, replace
```

논문을 본격적으로 분석하기 전 기술통계(Descriptive Statistics)를 추출해야 한다. 기술통계는 본인 자료의 성격을 가장 쉽게 파악할 수 있는 수단일 뿐만 아니라 다른 연구자에게 연구의 타당성 및 데이터의 신뢰성을 증명할 수 있는 중요한 수단이다. 기술통계에는 기본적으로 분석 모형에 사용한 각 변수별로 최대값, 최소값, 평균, 표준편차, 관측치 수를 보고한다. 기술통계가 데이터의 신뢰성을 증명하는 수단일 수 있는 이유는 각 변수의 분포성향을 알려주기 때문이다. 아직은 익숙하지 않겠지만, 많은 실증분석 논문을 보다보면 기술통계만 찬찬히 살펴보아도 해당 논문이 연구자의 의도대로 수행되었는지 파악할 수 있다.

변수별로 기술통계를 파악할 수 있는 명령어가 summarize이다. summarize라는 명령어 뒤에 변수 목록을 제시할 수도, 제시하지 않을 수도 있다. 만약 변수 목록을 제시하지 않으면 현재 메모리에 로딩된 데이터셋의 전체 변수에 대한 기술통계를 출력하고, 변수명을 나열할 경우 기술된 변수들의 기술통계만을 출력한다.

```
. summarize

    Variable |        Obs        Mean    Std. Dev.       Min        Max
-------------+---------------------------------------------------------
     country |          0
 CountryCode |          0
         PDI |         48       55.25    22.23616         11        100
         IND |         48     44.8125    25.58728          6         91
         UAI |         48    65.54167    23.90581         13        100
-------------+---------------------------------------------------------
         MAS |         48    49.47917    18.70373          5         95
      PDI_TK |         48    50.47917    22.20791          8         88
      IND_TK |         48      51.125    28.65468         10        105
      UAI_TK |         48    65.64583    17.90696         34         86
      MAS_TK |         48    49.52083    13.18121         20         89
-------------+---------------------------------------------------------
religionfr~n |         47        73.7    24.72449         11        100
    catholic |         48       .5625     .501328          0          1
       islam |         48    .1041667    .3087093          0          1
    lutheran |         48    .0833333    .2793102          0          1
  protestant |         48    .0833333    .2793102          0          1
-------------+---------------------------------------------------------
     buddism |         48    .1041667    .3087093          0          1
     english |         48       .1875    .3944428          0          1
     germany |         48        .125    .3342187          0          1
     spanish |         48         .25     .437595          0          1
     Dethnic |         44    76.11364     19.9665         28        100
-------------+---------------------------------------------------------
 femalelabor |         48    40.97397    6.603479   17.86332   47.95939
  regulation |         48    7.318838    .9631042   5.273181   9.120518
    latitude |         48    31.79167    17.85516          0         60
    tropical |         44    .3636364    .4866071          0          1
      desert |         44    .0909091    .2908034          0          1
-------------+---------------------------------------------------------
     GDPpc70 |         47    10229.27    9183.138   267.8197   39160.18
     GDPpc90 |         47     15416.6     13464.9   416.9181   47270.75
```

위 결과에서 obs는 관측치의 수, mean은 평균, Std.Dev.는 표준편차, Min은 최소값, Max는 최대값을 나타낸다. 지금 당장은 표준편차는 전장에서 공부한 분산과 같은 개념이라고만 이해하도록 한다. 수학적으로 표준편차는 분산의 제곱근(squared root)인데, 표준편차를 구하기 위해서는 자유도(degree of freedom) 개념을 이해해야 하지만 분산의 제곱근이라고만 이해해도 무방하다. 관측치는 48개로 변수에 따라서는 모든 관측치가 포함되지 않은 변수도 존재한다. 1인당 GDP는 자료 그대로 사용하지 않고(level 자료로 사용하지 않고) 로그값(logarithm)으로 변환하여 사용한다(1~2번 명령어 구문).

```
. gen lnGDPpc70=ln(GDPpc70)
. gen lnGDPpc90=ln(GDPpc90)
. label variable lnGDPpc70 "natural log of GDP per capita at 70s“
. label variable lnGDPpc90 "natural log of GDP per capita at 70s“
```

경제학에서나 계량경제학에서 로그값을 적용하는 이유는 다양하다. 실무적 입장에서는 첫째, 큰 수의 가독력을 높인다는 장점이 있고, 둘째 변수가 정규분포로 구성되지 않을 경우 해당 과정을 통하여 정규화를 도모할 수 있다. 정규분포의 중요성은 CRT나 LLN에서 이미 설명하였다. 해당 이유로 관행상 인구 및 재정과 관련된 데이터들은 일반적으로 로그를 취하여 분석한다. 다음 그림의 예에서 확인해 보자. 데이터는 UCLA 학교에서 제공하는 연습용 자료로서 웹에서 불러올 수 있다(webuse). 해당 데이터셋에서 enroll은 학교에 재학 중인 학생수로서 인구통계량에 해당한다. 이를 히스토그램으로 표현하면 좌우대칭인 정규분포와 거리가 있다는 것을 확인할 수 있다. 반면 enroll변수에 로그를 취한 lnenroll은 정규분포에 가까운 분포성향을 보인다. 그래프를 통하여 자료를 점검하는 자세한 방법은 추후 더 알아보자.

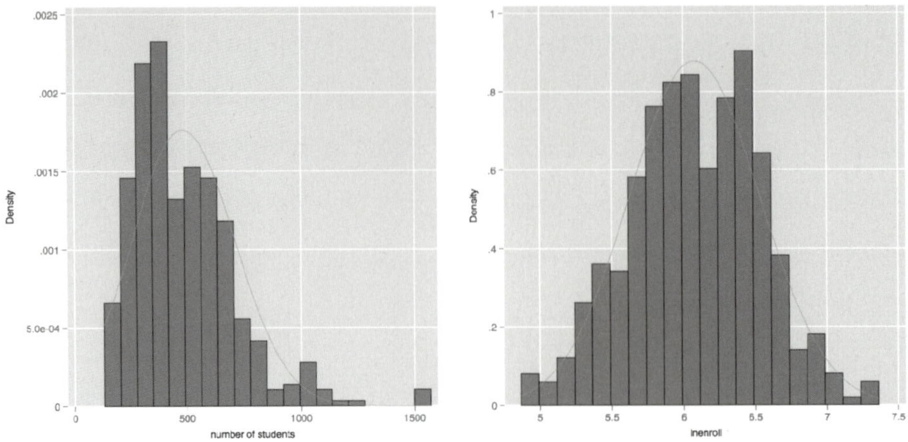

STATA 코드

```
. use http://www.ats.ucla.edu/stat/stata/webbooks/reg/elemapi
. gen lnenroll=ln(enroll)
. histogram enroll, normal
. graph save "level", replace
. histogram lnenroll, normal
. graph save "log", replace
. graph combine "level" "log", xsize(2) ysize(1)
```

Stata 그래핑과 카피 논문의 이론적 배경

Tang & Koveos(2008)의 기본적 아이디어는 간단하다. 그들은 횡단면 분석에서 국가별 1인당 GDP와 홉스테드 문화지표가 일정의 관계를 보인다는 사실을 발견하였다. 본 장의 마지막에 있는 그림에서 홉스테드 개인주의(IND)는 1인당 GDP와 정(+)의 관계에 있고, 권력거리(PDI), 불확실성회피(UAI), 남성성(MAS)는 음(−)관계가 있는 것을 확인할 수 있는데, 이들의 연구는 여기서 출발한다.

해당 그래프와 같은 그림을 산포도(scatter plot)라고 한다. 산포도는 관계를 추정하고자 하는 두 변수를 x축 y축으로 위치시켜, 관측치들의 패턴으로 연구자가 관계를 유추할 수 있도록 해준다.

그러나 해당 관계는 Ceteris Paribus가 적용되지 않은, 즉 다른 변인이 통제되지 않은 상황에서 두 변수의 관계만을 보여주기에 연구 초반에 주요 변수의 관계를 개략적으로 파악하는 수준에서만 도움을 준다. 산포도는 scatter 명령어만으로도 충분히 표현이 가능한데, 산포도와 같이 두 변인 이상의 변인으로 도형화하는 방식을 twoway 그래프라고 한다. 예상할 수 있듯이 histogram과 같이 하나의 변인에서 표현이 가능한 도형이 oneway 그래프가 된다. 아래 명령어 구문과 같이 두 변인을 제시하면 첫 번째 변수는 y축, 두 번째 변수는 x축에 표시되어 산포도가 그려진다.

```
. scatter IND lnGDPpc70
```

(1)번 구문에서와 같이 해당 그래프 명령어 뒤에 추가한 옵션 mlabel(CountryCode) mlabpos(6) mlabsize(tiny) msize(tiny) 은 산포도 위에 그려지는 다양한 옵션을 선택할 수 있도록 하는 선택지인데 처음에는 다소 익숙하지 않겠지만 자주 사용하는 옵션이기에 숙달하기를 권장한다. 간단한 그래프의 수정은 그래프 편집 기능으로 수정이 가능한데, 여러 그래프를 동일하게 수정하는 데는 시간이 많이 소요되므로 자신이 선호하는 옵션은 암기해 두는 것이 편리하다. 사실 필자도 옵션을 일일이 암기하기는 쉽지 않아서 자주 사용하는 그래프 옵션은 do-file이나 메모장에 적어놓고 필요할 때마다 사용한다.

옵션 중에 처음 표기된 mlabel은 개별 관측치의 라벨을 그래프에 표시하여 관측치를 구분 가능하도록 해준다. 필자는 CountryCode로 mlabel옵션을 걸어서 그림에서는 관측치 위에 KOR, USA등의 국가코드가 표기되어 있다. mlabpos 옵션은 라벨의 위치(position)를 지정할 수 있도록 해준다. 라벨의 위치를 6시 지점으로 설정하여서 점으로 표현된 관측치 하단에 국가코드가 표기되었다. 동일하게 mlabsize()는 라벨의 사이즈를, msize()는 관측치 점의 크기를 사용자가 지정할 수 있도록 해준다. 괄호 안에 들어갈 size의 크기 및 위치 정보는 help scatter에서 market_options와 market_label_options를 통하여 확인할 수 있다.

scatter 그래핑과 같이 사용된 lfit 그래핑은 linear fit의 약자로 연구자가 어림잡아 추정한 관계가 아닌 계량경제학적 추정한 관계를 보여 준다. 이 추정선은 위의 이론적 배경에서 확인한 바와 같이 분산을 최소화 하는 방향으로 두 변인의 관계를 추정한다. 마찬가지로 본 추정선도 다른 변인을 통제하지 않은 두 변수 간의 관계만을 제시하기에 향후 통제 변인을 추가하여 진정한 두 변인 간의 추정관계를 확인해야 하고, 그럴 경우 관계가 상쇄될 수도 있다.

```
. twoway (lfit PDI lnGDPpc70)
```

qfit 그래핑은 quadratic fit의 약자로 1차 함수로는 표현되지 않는 한계성향을 보여주는데 유용하다. 마지막의 3/4분면의 그림처럼 IND와 lnGDPpc70는 1차 함수로는 우상향 직선 형태를 보이지만 2차 함수로는 한계효용이 체증의 관계를 보여주어 2차 함수 형태로 관계를 명확히 확인할 수 있다.

```
. twoway (qfit PDI lnGDPpc70)
```

twoway 그래핑의 장점은 (1)번 명령어 구문과 같이 하나의 그림 안에서 다양한 그래프의 표현이 가능하여 그래프들을 비교할 수 있다는 점이다. 필자도 두 변수의 관계추정이 1차함수로 충분한지, 2차함수가 더 적정한지를 비교하기 위해 산포도와 lfit 및 qfit을 하나의 그래프에 표현하였다(1번 명령어 구문). 해당 구문에서 다른 옵션과 달리 legend 옵션은 twoway 그래핑 명령어에 속한 옵션이다. 즉, 해당 옵션은 산포도, lfit 및 qfit과 같은 개별 그래핑에 영향을 주는 옵션이 아니라 중첩된 전체 그래핑에 영향을 주는 옵션이다. 옵션 내에 추가 옵션이 표기되어 legend (position(6))와 같이 작성되었는데, legend() 옵션은 범례의 특성을 설정할 수 있는 옵션이고, 해당 옵션 내의 position() 옵션은 범례의 위치를 특정할 수 있는 옵션이다. 해당 예에서는 범례의 위치를 6시 방향으로 설정하도록 하였다. 이외의 legend 옵션은 help legend_options에서, twoway 그래프의 옵션은 help twoway_options에서 확인가능하다.

사용자가 설정하여 그려진 그래프는 저장이 가능하다. 그래프의 저장 명령어는 graph save로서 **현재 메모리에서 display되고 있는 graph를 파일로 저장해 준다**. 다른 형식으로 저장된 graph는 편집이 불가능하기에 최종본을 확보하기 이전이라면 일단 그래프는 Stata그래프 형식으로 저장하는 것이 좋다. 별다른 설정을 지정하지 않으면 그래프는 gph라는 Stata 그래프 형식으로 저장된다. 제시하는 이름이 파일이름이고 gph로 저장한다는 사실을 Stata에 알려주기 위해서 저장하고자 하는 그래프의 전체 이름을 큰따옴표로 지정하는 것을 잊으면 안 된다.

gph 파일은 Stata 그래프 형식이기에 우리가 작성 중인 논문 문서에는 삽입할 수가 없다. 따라서 논문 삽입을 위해 일반적인 그림파일로 저장할 필요가 있는데 이때 사용하는 명령어가 graph export이다. data를 import하고 export하면서 숙지하였듯이 그래프를 기타형식으로 출력하기 위해서는 export를 사용해야 한다. Stata에서 제공하는 그림 출력 파일형식은 .ps, .ep, .wmf 등

7가지로 사용자가 원하는 형태로 선택이 가능하다. 필자가 선호하는 형식은 PNG형식으로, 작성한 그래프를 PNG형식으로 저장하기 위해서는 아래와 같이 graph export명령어 구문을 수행한다.

```
. graph export file_name.png
```

지금까지 학습한 그래핑과 저장방법을 활용하여 홉스테드 문화척도와 경제 지표(우리 자료에서는 1인당 GDP)의 관계를 추정할 수 있는 그래핑 명령어 구문을 완성하였다(1~8번 명령어 구문). (9)과 (10)에 제시된 구문은 저장된 그래프를 병합할 수 있는 명령어이다. graph combine 명령어는 비교적 간단한데 옵션을 주지 않는다면 Stata는 저장된 default옵션으로 그래프를 병합한다. 만약 3개의 그래프를 병합하는데 옵션을 제시하지 않고 graph combine으로 명령을 내리면 2by2로 캔버스를 설정하고 3/4분면까지 주어진 3개의 그래프를 위치시켜 그래프를 병합하려고 할 것이다. graph combine에서 옵션이 없을 경우 발생할 수 있는 상황을 (9)번 명령어 구문을 통해 확인해 보자. 만약 (9)번 구문에서 옵션을 주지 않는다면 x축과 y축의 비율이 동일한 정사각형으로 캔버스(Canvas)가 설정되어 PDI.gph와 UAI.gph를 삽입한다면 두 그래프는 세로로 길쭉한 모양이 될 것이다. 따라서 병합된 그림의 위치 및 사이즈를 지정할 수 있는 옵션이 제공되는데 xsize()와 ysize()옵션은 병합될 그래프가 위치할 새로운 캔버스의 비율을 제시한다. graph combine에서 xsize(2) ysize(1) 옵션은 가로를 2배로 확장한 캔버스 위에 두 개의 그래프 PDI.gph와 UAI.gph를 위치하도록 하는 명령어 구문이다.

실증분석 논문에서 가장 많이 제시하는 그래프가 위에서 제시한 산포도와 lfit, qfit이기에 필자는 세 가지 형식의 그래프만 작성하는 방법을 제공하였지만 Stata메뉴에서 Graphics에 가보면 더욱 다양한 종류의 그래프를 확인할 수 있으니 연구자가 필요에 따라 그래프를 선택하여 활용할 수 있다.

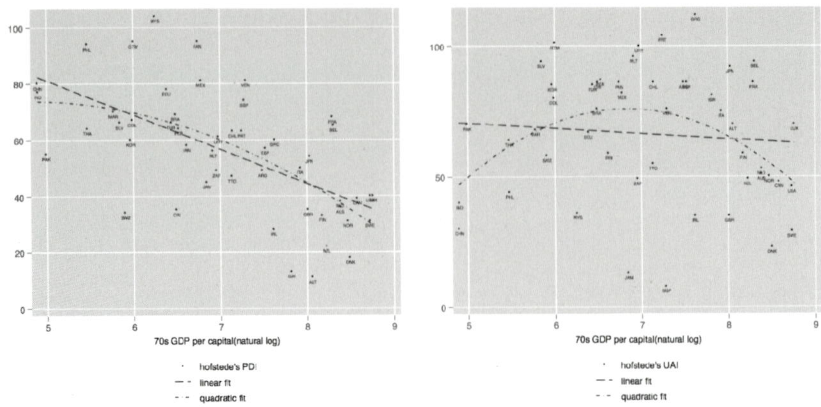

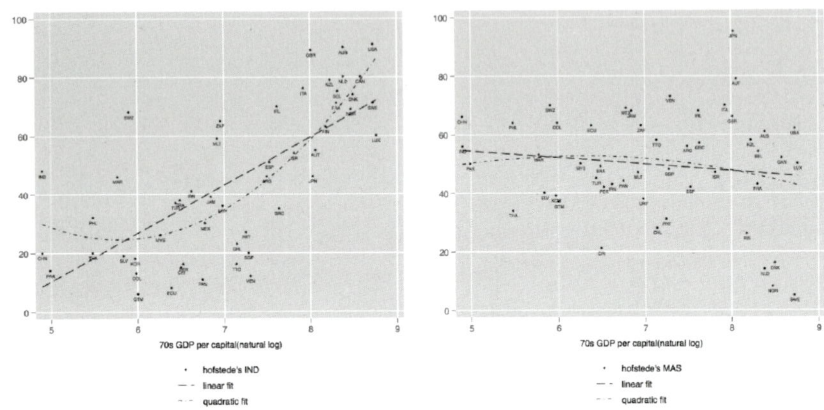

그래핑 Stata 코드

```
(1) . twoway (scatter PDI lnGDPpc70, mlabel(CountryCode) mlabpos(6) mlabsize(tiny) ///
      msize(tiny)) (lfit PDI lnGDPpc70) (qfit PDI lnGDPpc70),  legend(position(6))
(2) . graph save "PDI", replace
(3) . twoway (scatter UAI lnGDPpc70, mlabel(CountryCode) mlabpos(6) mlabsize(tiny) ///
      msize(tiny)) (lfit UAI lnGDPpc70) (qfit UAI lnGDPpc70),  legend(position(6))
(4) . graph save "UAI", replace
(5) . twoway (scatter IND lnGDPpc70, mlabel(CountryCode) mlabpos(6) mlabsize(tiny) ///
      msize(tiny)) (lfit IND lnGDPpc70) (qfit IND lnGDPpc70),  legend(position(6))
(6) . graph save "IND", replace
(7) . twoway (scatter MAS lnGDPpc70, mlabel(CountryCode) mlabpos(6) mlabsize(tiny) ///
      msize(tiny)) (lfit MAS lnGDPpc70) (qfit MAS lnGDPpc70),  legend(position(6))
(8) . graph save "MAS", replace
(9) . graph combine "PDI" "UAI", xsize(2) ysize(1) rows(1)
(10) . graph combine "IND" "MAS", xsize(2) ysize(1) rows(1)
```

Stata 그래핑과 관련된 명령어와 옵션은 너무나 다양하고 방대하여 모든 명령어와 모든 옵션을 다 설명해 줄 수는 없다. 그리고 필요한 그래핑도 작성하는 논문의 성격에 따라 달라져서 이에 대하여 더 공부하고 싶은 연구자는 Visual Guide to Stata Graphics*를 참조하기 바란다. 그래핑에 관련된 명령어와 옵션이 다양함에도 불구하고 지금까지 명령어 창에 입력 가능한 형태로 Stata 그래픽을 학습한 이유는 자주 사용하는 명령어 구문과 옵션에 익숙해 두면 이를 do-file에 저장하여 활용 가능하기 때문이다.

더불어 Stata 그래핑에서 유용하게 활용하는 기능이 위에서 설명하였듯이 편집 기능이다. 명령어를 수행하여 그래프가 그려지면 상단 좌측 아이콘 중에 graphic editor( )를 활용할 수 있다. graphic editor를 선택하면 그래프창이 활성화되는데 이후 편집하고자 하는 대상을 선택하면 편집이 가능하다. 예를 들어 각각의 관측치에 해당하는 (•)을 선택하면 심볼의 색상과 크기, 형식을 설정할 수 있는 옵션들이 나타난다. graph editor에서는 심볼뿐만 아니라 좌표의 scale, 이름 등을 조정할 수 있어 유용하다. graph editor의 유일한 단점은 graph editor에서 변경한 내용은 명령어 창에 표시되지 않는다는 사실이다. 따라서 editor창에서 수행한 동일한 편집을 진행하기 위해서는 동일하게 작업을 수행해야 한다(솔직하게 이야기하면 graph editor에서 수행하는 일련의 작업을 녹화하여 다른 그래핑에 적용할 수는 있다). 만약 개인적으로 선호하는 그래프 형식이 있다면 위에서 설명한 바와 같이 옵션에 익숙해져서 do-file에 저장해 두는 방식이 유용하다.

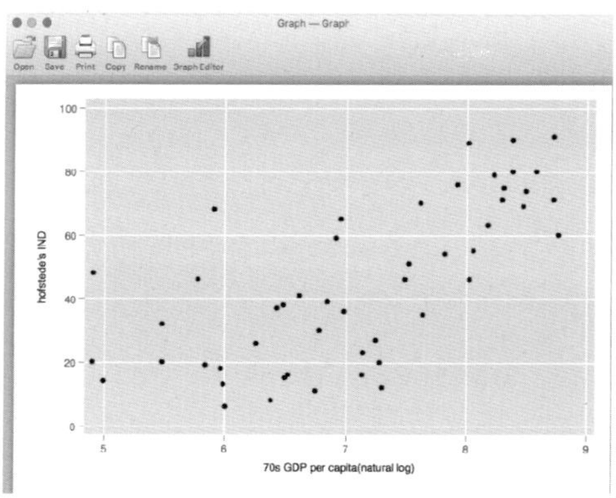

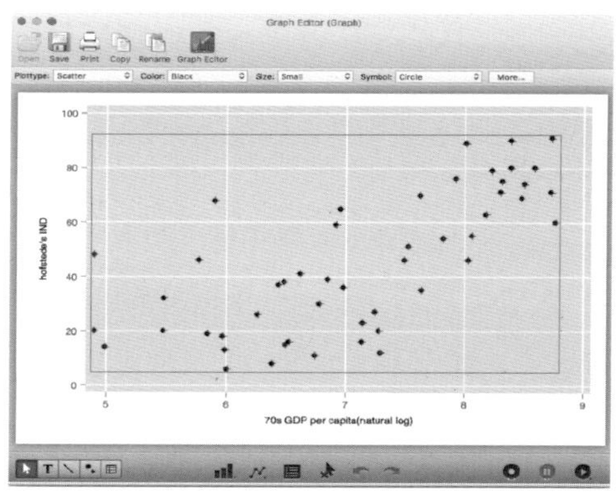

* Michael N. Mitchell, A Visual Guide to Stata Graphics, 3rd edition, Stata Press

자! 지금까지 기술적 측면에서 Tang & Koveos(2008)가 그래핑으로 활용한 관계추정을 우리도 해보았으니, 해당 그래프가 갖는 학술적인 중요성을 생각해 보자. 위에서 간단히 두 연구자는 경제지표와 홉스테드 문화지표 사이에 특정 관계가 있다고 분석하고 이를 통하여 해당 문화지표를 갱신하자는 아이디어를 제시하였다고 하였다. 위 그림에서 보듯이 경제수준(엄밀히 말하면 1인당 GDP)이 발달한 국가일수록 권력거리(PDI)는 하강하고, 개인주의(IND)는 상승하는 경향을 확인할 수 있다. 반면 남성성(MAS)과 불확실성 회피성향(UAI)는 통계적 유의성을 확인해봐야 하지만 다소 하강하는 경향도 보인다. 그래서 이들은 이 관계의 영향 정도(모수)를 추정한 후 (다른 말로 표현하면 기울기를 추정하여), 변화된 경제지표를 투입하여 홉스테드 문화지표를 갱신하고자 하였다. 예를 들어 한국은 홉스테드 문화지표가 개발될 당시 로그스케일을 적용한 1인당 GDP가 6정도로서 해당시기 개인주의 지표는 20보다 살짝 낮았다. 언제쯤일지는 모르나 이후 한국이 경제가 발전하여 핀란드 수준의 경제규모가 된다면 핀란드에 해당하는 개인주의인 60에 가까운 개인주의 성향을 한국도 보일 것이라고 예측한 것이다. 물론 우리는 논문 자체를 판단하는 바가 목적이 아니니 더 깊게 들어갈 이유는 없지만, 사실 이들은 문화지표 갱신의 당위성과 방법론은 제시하였지만, 한국의 개인주의가 정말로 60이 되었는가는 검증하지 못하였다. 어떠한가? 이들의 아이디어가 납득할 만한가? 이후 본 책에서 진행되는 모수 추정과정은 그들이 아이디어를 현실화하는 단계이다.

회귀분석 및 결과보고 형식

특수한 계량경제분석을 제외한 일반적으로 OLS에 기반을 둔 회귀분석은 regress 명령어로 수행할 수 있다. 일단 홉스테드 문화차원이 우리가 조사한 변수에 영향을 받는지 점검해서 모수를 추정해야 문화차원을 갱신할 수 있으므로 회귀분석을 실시해 보자.

```
. reg IND lnGDPpc70 protestant catholic islam english spanish german Dethnic tropical desert
```

Source	SS	df	MS			
				Number of obs	=	39
				F(10, 28)	=	18.68
Model	22354.0391	10	2235.40391	Prob > F	=	0.0000
Residual	3350.93521	28	119.676257	R-squared	=	0.8696
				Adj R-squared	=	0.8231
Total	25704.9744	38	676.446694	Root MSE	=	10.94

IND	Coef.	Std. Err.	t	P>|t|	[95% Conf.	Interval]
lnGDPpc70	12.61673	2.125166	5.94	0.000	8.263521	16.96993
protestant	-1.456296	9.064056	-0.16	0.874	-20.02317	17.11058
catholic	-2.53149	5.932393	-0.43	0.673	-14.68345	9.620467
islam	4.422275	8.042106	0.55	0.587	-12.05123	20.89578
english	30.93434	5.91661	5.23	0.000	18.81472	43.05397
spanish	-11.21866	6.540195	-1.72	0.097	-24.61564	2.178326
germany	16.29955	8.139579	2.00	0.055	-.3736234	32.97272
Dethnic	.1153393	.1202673	0.96	0.346	-.1310171	.3616957
tropical	1.315382	4.999463	0.26	0.794	-8.925554	11.55632
desert	6.620165	6.838467	0.97	0.341	-7.3878	20.62813
_cons	-76.98931	20.47409	-3.76	0.001	-118.9286	-35.05003

우선 각 독립변수 결과를 확인해 보자. 독립변수의 Coef.는 Coefficient의 약자로 각 독립변수가 종속변수(해당 결과는 홉스테드 개인주의 지표-IND)에 미치는 영향의 정도이다. lnGDPpc70 변수의 기울기는 12.61, protestant의 기울기는 −1.45, catholic의 기울기는 −2.53 등으로 추정되었다. lnGDPpc70의 모수(coefficient)가 12.61로 추정되는 과정은 앞에서 공부한 바와 같이 다른 통제변수(lnGDPpc70을 제외한 독립변수가)가 동일할 때 IND에 미치는 영향이다. 여기서 각각의 모수들은 변수의 단위(unit of measurement)가 다르기에 홉스테드 개인주의에 미치는 영향에서 "lnGDPpc70가 제일 크고 catholic이 제일 낮다"라고는 이야기 할 수 없다. 이러한 모수 사이의 영향의 크기를 비교하기 위해서 표준화된 모수, 즉 베타 모수(Beta Coefficient)를 추정하여 비교하기도 한다. Std.Err는 standard error의 약자로 위에서 공부한 분산의 개념이라고 생각하면 된다. Coef.와 Std.Err를 바탕으로 추정된 모수(Coef.)가 영(0)과 다른지를 판단하기 위해 t값을 계산한다. 과녁의 예에서 확인한 바와 같이 분산이 너무 크다면 추정된 lnGDPpc70의 모수 12.61도 0과 다르다고 부정할 수 없는 상황이 발생할 수 있다.

Stata 결과에서는 t값으로 결과를 제공하지만 t분포는 표본의 수가 상당할 경우에 정규분포와 유사해져서 z값(정규분포 테이블)으로 이해해도 무방하다. 결과표에 주어진 t값을 바탕으로 p값(P>|t|)을 계산하는데 이 p값으로 귀무가설(H_null) 「lnGDPpc70의 모수는 0이다」를 검정한다. 보통은 1%,

5%, 10%의 유의수준에서 해당 귀무가설을 판별한다. lnGDPpc70의 경우 p값이 0.002로서 1%(0.01)보다 작아 lnGDPpc70이 12.61로 발현될 가능성이 낮음에도 나타났기에 귀무가설(모수가 0이다)을 기각하고 제시된 모수를 받아들인다. 이와 마찬가지로 english 변수는 1%의 유의수준 내에서 귀무가설을 기각하여 english의 모수 30.93을 수용할 수 있게 된다. 반면 protestant의 모수를 살펴보자. protestant의 p값은 87.4%로서 10% 유의수준 내에서도 귀무가설인 「protestant 모수는 0이다」를 기각할 수 없다. 따라서 protestant가 IND에 미치는 영향력에 해당하는 모수가 −1.45로 비록 계측되었지만 우리는 이를 받아들일 수 없고, 영향력이 없다(모수가 0임을 기각할 수 없다)라고 판단해야 한다. 즉, "protestant의 모수 −1.45는 사실 0이다"라고 말할 수 있다.

모수에 비해 큰 표준편차로 나타나는 추정모수의 기각에 대하여 본 결과로 알아보자. lnGDPpc70은 모수는 12.61로 추정되었지만 표준편차는 2.12로서 추정 모수에 비하여 오차가 상대적으로 적은 반면, protestant는 모수가 −1.45로 추정되었지만 이에 비하여 표준오차 9.06로 크다. 즉, 표준오차와 추정모수의 비율로서, 다시 말하면 모수가 추정된 정도에 대비하여 오차가 상대적으로 크면 모수의 신뢰도에 영향을 미친다는 것을 발견할 수 있다. 이제 t값이 어떻게 도출되었는지 정확히 확인해보자. t값은 추정모수/표준오차로 계산된다. lnGDPpc70의 경우 t값을 계산하면 12.61673/2.125166=5.9368로 Stata가 제시한 해당 변수의 t값(5.93)과 일치한다. t분포는 윌리엄 고셋(William Sealy Gosset)이 발견한 분포로 그의 필명을 따라 student t 분포라고 불리는데*, 그가 만들어놓은 t-table로 주어진 t에 따른 발생 확률을 확인할 수 있어 확인된 p값(probability)으로 추정 모수가 유의한지를 판별할 수 있다.

* Lehmann, E. L. (2012). "Student" and small-sample theory. In Selected Works of EL Lehmann (pp. 1001-1008). Springer US.

t Table

cum. prob	$t_{.50}$	$t_{.75}$	$t_{.80}$	$t_{.85}$	$t_{.90}$	$t_{.95}$	$t_{.975}$	$t_{.99}$	$t_{.995}$	$t_{.999}$	$t_{.9995}$
one-tail	0.50	0.25	0.20	0.15	0.10	0.05	0.025	0.01	0.005	0.001	0.0005
two-tails	1.00	0.50	0.40	0.30	0.20	0.10	0.05	0.02	0.01	0.002	0.001
df											
1	0.000	1.000	1.376	1.963	3.078	6.314	12.71	31.82	63.66	318.31	636.62
2	0.000	0.816	1.061	1.386	1.886	2.920	4.303	6.965	9.925	22.327	31.599
3	0.000	0.765	0.978	1.250	1.638	2.353	3.182	4.541	5.841	10.215	12.924
4	0.000	0.741	0.941	1.190	1.533	2.132	2.776	3.747	4.604	7.173	8.610
5	0.000	0.727	0.920	1.156	1.476	2.015	2.571	3.365	4.032	5.893	6.869
6	0.000	0.718	0.906	1.134	1.440	1.943	2.447	3.143	3.707	5.208	5.959
7	0.000	0.711	0.896	1.119	1.415	1.895	2.365	2.998	3.499	4.785	5.408
8	0.000	0.706	0.889	1.108	1.397	1.860	2.306	2.896	3.355	4.501	5.041
9	0.000	0.703	0.883	1.100	1.383	1.833	2.262	2.821	3.250	4.297	4.781
10	0.000	0.700	0.879	1.093	1.372	1.812	2.228	2.764	3.169	4.144	4.587
11	0.000	0.697	0.876	1.088	1.363	1.796	2.201	2.718	3.106	4.025	4.437
12	0.000	0.695	0.873	1.083	1.356	1.782	2.179	2.681	3.055	3.930	4.318
13	0.000	0.694	0.870	1.079	1.350	1.771	2.160	2.650	3.012	3.852	4.221
14	0.000	0.692	0.868	1.076	1.345	1.761	2.145	2.624	2.977	3.787	4.140
15	0.000	0.691	0.866	1.074	1.341	1.753	2.131	2.602	2.947	3.733	4.073
16	0.000	0.690	0.865	1.071	1.337	1.746	2.120	2.583	2.921	3.686	4.015
17	0.000	0.689	0.863	1.069	1.333	1.740	2.110	2.567	2.898	3.646	3.965
18	0.000	0.688	0.862	1.067	1.330	1.734	2.101	2.552	2.878	3.610	3.922
19	0.000	0.688	0.861	1.066	1.328	1.729	2.093	2.539	2.861	3.579	3.883
20	0.000	0.687	0.860	1.064	1.325	1.725	2.086	2.528	2.845	3.552	3.850
21	0.000	0.686	0.859	1.063	1.323	1.721	2.080	2.518	2.831	3.527	3.819
22	0.000	0.686	0.858	1.061	1.321	1.717	2.074	2.508	2.819	3.505	3.792
23	0.000	0.685	0.858	1.060	1.319	1.714	2.069	2.500	2.807	3.485	3.768
24	0.000	0.685	0.857	1.059	1.318	1.711	2.064	2.492	2.797	3.467	3.745
25	0.000	0.684	0.856	1.058	1.316	1.708	2.060	2.485	2.787	3.450	3.725
26	0.000	0.684	0.856	1.058	1.315	1.706	2.056	2.479	2.779	3.435	3.707
27	0.000	0.684	0.855	1.057	1.314	1.703	2.052	2.473	2.771	3.421	3.690
28	0.000	0.683	0.855	1.056	1.313	1.701	2.048	2.467	2.763	3.408	3.674
29	0.000	0.683	0.854	1.055	1.311	1.699	2.045	2.462	2.756	3.396	3.659
30	0.000	0.683	0.854	1.055	1.310	1.697	2.042	2.457	2.750	3.385	3.646
40	0.000	0.681	0.851	1.050	1.303	1.684	2.021	2.423	2.704	3.307	3.551
60	0.000	0.679	0.848	1.045	1.296	1.671	2.000	2.390	2.660	3.232	3.460
80	0.000	0.678	0.846	1.043	1.292	1.664	1.990	2.374	2.639	3.195	3.416
100	0.000	0.677	0.845	1.042	1.290	1.660	1.984	2.364	2.626	3.174	3.390
1000	0.000	0.675	0.842	1.037	1.282	1.646	1.962	2.330	2.581	3.098	3.300
z	0.000	0.674	0.842	1.036	1.282	1.645	1.960	2.326	2.576	3.090	3.291
	0%	50%	60%	70%	80%	90%	95%	98%	99%	99.8%	99.9%
	Confidence Level										

※ 원천출처: San Jose State University

회귀분석 결과 왼쪽 위에 있는 표는 ANOVA(Analysis of Variance) 결과로서 오른쪽 상단에 있는 F statistics나 R square 등을 계산하는 기본 자료로 활용된다. Number of Obs에서 알 수 있듯이 실제 분석에 포함된 관측치(observation)는 39개인데, 이는 우리 데이터 중 누락치 포함된 변수에 영향을 받아서 그렇다. F()는 F검정(F test)의 결과이다. t값은 개별 독립변수의 유의성을 판단하는 기준이지만 우리가 설정한 모형이 유의한가는 설명해 주지 못한다. 반면 F값은 우리가 설정한 모형, 즉 전체 독립변수가 동시에 유의한가(jointly significant)를 판별해 주는 통계값이다. F값도 t값처럼 이미 조사된 F분포가 존재하기에 이를 활용하여 발생확률을 계산하고, 이 값이 Prob>F에 표시되어 있다. 우리의 결과에서 독립변수가 동시에 유의한가라는 질문에는 Prob>F가 0.0000로 계산되어 1% 유의수준에서 "동시에 유의하지 않다"는 귀무가설을 기각하여 "동시에는 유의하다"로 해석할 수 있다. 두 문장에는 다소의 뉘앙스 차이가 있고, 이 차이는 아주 중요하다. "동시에 유의하지 않다"가 기각되었다고 "동시에 유의하다"고 해석하면 이 뉘앙스의 차이를 무시하는 해석이고, 오류를 포함한 비약이다.

자연어로 설명하면 너무 복잡할 수 있어 간략히, 최소한의 수식으로 설명하도록 하겠다. F검정의 귀무가설은 수학적으로 $H_o: \beta_1 = 0,\ \beta_2 = 0,\ \beta_3 = 0,\ \ldots..,\ \beta_n = 0$인데, 본 귀무가설이 기각되었다고 해서 $H_a: \beta_1 \neq 0,\ \beta_2 \neq 0,\ \beta_3 \neq 0,\ \ldots..,\ \beta_n \neq 0$가 수용된 것은 아니다. 귀무가설은 "분석한 모든 모수가 영향이 없다"이므로 이에 대한 기각은 $H_a: \beta_1 = 0,\ \beta_2 \neq 0,\ \beta_3 \neq 0,\ \ldots..,\ \beta_n \neq 0$도 가능하고 $H_a: \beta_1 = 0,\ \beta_2 \neq 0,\ \beta_3 = 0,\ \ldots..,\ \beta_n \neq 0$도 가능하다. 즉, "최소한 하나의 모수만이라도 0과 같지 않다"면 대립가설(H_a)이 되므로, F검정의 결과를 "동시에는 유의하다"로 강조한 것이다.

R-squared(논문에서는 R^2로 표현해도 무방함)와 Adj R-squared(논문에서는 $adjR^2$로 작성해도 무방함)는 모형설명력(goodness of fit)으로 해석한다. 우리 모형에서 모형설명력(R^2)은 0.7066(70.6%)로, 수정된 모형설명력($adjR^2$)은 0.6314(63.1%)로 계측되었다. 만약 우리가 모형을 변경해서(예를 들어 종교변수를 모두 포함하지 않은 모형) 이전 모형과 R^2와 $adjR^2$를 비교하였을 때 변경 전 모형의 R^2와 $adjR^2$가 크다면 이전 모형(종교변수가 모두 포함된 모형)을 채택해야 하는 당위성이 생긴다.

조금 전 수행한 바와 같이 우리는 모형 내 변수를 다변화하여, 적절한 모형을 취사선택하거나 다른 요인의 통제로 발견되는 주요 변수의 영향력의 변화를 인지하여 요인통제가 유발하는 주요 독립변수의 종속변수로의 영향을 설명하기 위해 모형을 다변화한다. 더불어 모형 다양화는 통제변수들이 선행연구와 동일한 방향성을 보이는지 확인시켜 연구자의 연구결과를 신뢰할 수 있도록 한다. 그래서 실증분석 연구논문들을 보면 알겠지만 연구자가 설정한 모형 분석 결과 하나만을 제시하는 논문은 극히 보기 힘들다. 필자는 지금까지 한 번도 그런 논문을 본적이 없는데, 혹시 한국연구재단 등재지나 국제학술지에 게재된 실증분석 논문 중에 분석 결과 하나만 제시한 논문을 발견한다면 필자에게 알려 주기를 바란다. 희귀한 사례이기에 귀중한 자료로 사용될 수 있을 것이다.

기술적으로 다중 모형으로 분석을 수행하고 서로를 비교하기 위해서는 회귀분석 결과를 저장하는 방법과 저장된 결과를 통합적으로 보고할 수 있는 명령어 구문을 익혀야 한다. 회귀분석결과를 저장하는 명령어는 회귀분석 후 estimates store save_name으로 가능하고, 저장된 추정결과를 통합적으로 결과창에 출력하는 명령어는 estout으로 가능하다. 아래 (1)번 명령어 구문은 통제변수를 투입하지 않고 1인당 GDP가 개인주의(IND)에 미치는 영향을 분석한 결과로서 우리가 앞서 그래핑으로 추정한 관계의 기울기를 수치로 보여준다. 추후 통합 결과 출력을 위해 추정결과는 (2)번 명령어 구문으로 model1이란 이름으로 저장한다. (3)번 구문은 지금까지 우리가 공부한

적 없는 명령어로 시작한다. qui 명령어는 quietly의 약자로 모든 명령어의 머리에 붙이는 접두 명령어이다. qui 명령어는 그 다음에 수행되는 명령어의 결과를 결과창에 출력하지 말라는 명령어다. 해당 명령어를 regress명령어 앞에 붙인 이유는 우리는 현재 개별 모형의 분석결과를 확인하기 보다는 통제변수를 변경하여 도출된 여러 분석 모형을 통합적으로 확인하는 목적이 있어 개별 회귀분석결과는 확인할 필요가 없기 때문이다. 경제지표가 투입된 모형과 그렇지 않은 모형, 경제지표가 투입되더라도 언어변수, 기후 및 인종 변수가 투입된 모형을 구분하여 (12)번 명령어 구문까지 6개의 모형(model1 ~ model6)을 회귀분석을 수행하고 분석결과를 저장한다. (13)번 명령어 구문에서는 estout을 활용하여 전체 회귀분석 결과를 출력하였다. estout 이후에 표기된 「*」는 저장된 모든 모형을 지칭하며, 특정 모형을 선별하여 출력하고 싶으면 저장한 모형의 이름을 별표 자리에 위치시키면 된다. 즉, estout model1 model4와 같이 명령어 구문을 작성하면 model1와 model4의 저장결과만을 비교하여 출력해준다. estout 뒤에 제시한 옵션 cells()는 출력할 통계량을 지정하는 옵션이다. 자세한 내용은 help estout의 parameter statistics를 참고하길 바란다.

STATA 코드

```
(1) .reg IND lnGDPpc70
(2) .estimates store model1
(3) .qui reg IND lnGDPpc70 protestant catholic islam
(4) .estimates store model2
(5) .qui reg IND lnGDPpc70 protestant catholic islam english spanish german
(6) .estimates store model3
(7) .qui reg IND lnGDPpc70 protestant catholic islam english spanish german Dethnic tropical desert
(8) .estimates store model4
(9) .qui reg IND protestant catholic islam
(10) .estimates store model5
(11) .qui reg IND protestant catholic islam english spanish german Dethnic tropical desert
(12) .estimates store model6
(13) .estout *, cells(b(star fmt(%9.3f)) se(par)) stats(r2_a N, fmt(%9.3f %9.0g) labels(R-squared))
```

	model1 b/se	model2 b/se	model3 b/se	model4 b/se	model5 b/se	model6 b/se
lnGDPpc70	15.437***	16.261***	13.133***	12.617***		
	(1.964)	(2.251)	(1.676)	(2.125)		
protestant		6.718	-0.914	-1.456	10.417	-7.180
		(11.177)	(7.510)	(9.064)	(14.639)	(11.895)
catholic		-2.045	-0.804	-2.531	-2.546	3.269
		(5.961)	(4.912)	(5.932)	(8.797)	(8.823)
islam		8.438	5.928	4.422	-21.183	-11.207
		(10.022)	(6.611)	(8.042)	(13.496)	(11.538)
english			27.847***	30.934***		30.580**
			(5.337)	(5.917)		(8.703)
spanish			-13.229*	-11.219		-19.108
			(5.595)	(6.540)		(9.663)
germany			10.401	16.300		21.455
			(5.872)	(8.140)		(12.010)
Dethnic				0.115		0.209
				(0.120)		(0.170)
tropical				1.315		-14.829*
				(4.999)		(6.413)
desert				6.620		6.169
				(6.838)		(10.249)
_cons	-88.608***	-95.887***	-71.477***	-76.989***	47.583***	29.282
	(17.166)	(20.468)	(15.067)	(20.474)	(7.319)	(17.248)
R-squared	0.569	0.558	0.819	0.823	0.018	0.588
N	47	47	47	39	48	40

(13)번 구문까지 명령어를 완료하면 위와 같은 결과를 보여준다. 논문에서는 이런 형식으로 결과를 제시하기에 수행한 회귀분석 결과를 저장하고 출력하는 명령어를 잘 활용해야 한다. 결과를 간략히 해석해보자. 모형1(model1)에서 1인당 GDP의 기울기는 15.437로서 통계적으로 유의하다. 즉, 우리가 앞서 그래핑한 1인당 GDP와 개인주의의 lfit의 기울기가 15.437으로 추정된 것이다. 이는 1인당 GDP가 로그스케일 1달러가 상승할 때마다 개인주의는 15.437 상승하는 수치이다. 통제모형을 추가하여 모형을 변경하여도 1인당 GDP의 통계적 유의성은 사라지지 않으나 모수의 크기(영향력의 크기 혹은 기울기)는 축소된다. 모형4(model4)에서는 모든 언어와 종교, 인종, 기후를 통제할 경우 1인당 GDP의 영향은 12.617까지 하락한다. 더불어 해당 모형에서는 해당 국가의 영어사용 여부만이 홉스테드 개인주의에 영향을 미치고 있으며 다른 요인들은 통계적 유의성이 발현되지 않았다(필자 주: 책에는 홉스테드 문화척도 중 개인주의만 결과를 도출하고 저장하는 과정을 수록한다. 불확실성 회피성향, 남성성, 권력거리에 대한 추정과 저장은 꼭 스스로 학습해 보기를 바란다. 사실, 위에 제시한 코드에서 종속변수만 변경하면 가능한 간단한 일이다).

TK모형의 완성

본 장의 마지막으로 Tang & Koveos가 도출한 새로운 문화지표를 우리도 계산해 보도록 하자. 사실 본 장에서 다룰 내용은 새로운 계량경제 방법론이나 수학적 모델링에 대한 이해를 제공하기보다는, 단순 계산을 요하는 부분이기에 넘어갈까도 생각하였다. 하지만 원천 연구자가 논문을 작성하기 위해 수행한 통계 방법론을 처음부터 끝까지 그대로 카피한다는 본 책의 취지가 있기에 다루기로 한다. 그렇지만 아무정보 없이 넘어가기에는 독자의 노력도, 책의 공간도 아까우니 손쉽게 계산하기 위한 간략한 팁들을 알려주기로 한다. 홉스테드 개인주의를 갱신하기 위한 Tang & Koveos의 모형은 (1)번 명령어 구문과 같으나(민족변수 추가 모형), 해당 결과를 (2)번 명령어 구문(민족변수 제거 모형)의 결과와 비교해보자. 두 번째 독립변수로 lnGDPpc70sq가 추가된 이유는 추후 설명하겠다.

```
. reg IND lnGDPpc70 lnGDPpc70sq Dethnic germany spanish english catholic protestant islam
. reg IND lnGDPpc70 lnGDPpc70sq germany spanish english catholic protestant islam
```

원천 모형인 (1)번 명령어 구문의 결과는 R^2와 $adjR^2$가 각각 87.84%이고 84.52%인 반면 (2)번 명령어 구문의 R^2와 $adjR^2$는 각각 86.96%이고 84.21%이다. 민족 변수를 추가하여도 모형 설명력과 조정된 R-square 모두 1pp(퍼센트 포인트) 이상의 설명력 상승이 보이지 않는다. 반면 관측치 수를 비교해 보자. (1)번 명령어 구문에서 분석에 사용된 전체 관측치는 43개인 반면, (2)번 구문에서의 관측치는 47개이다. 이는 우리가(엄밀히 말하여 필자가) 자료를 수집하는 단계에서 민족 변수를 모두 찾지 못하였기에 민족값이 누락된 국가는 분석에 포함되지 않아서 발생한 현상이다. 여기서 중대한 결정을 내려야한다. 원천 저자들은 아무래도 민족자료를 어떻게든 습득하여 데이터를 완성하였을 것이다. 하지만 우리는 현재 원천연구자의 연구 분석코드를 카피하면서 공부하는 과정에 있으므로 몇 국가(위의 예에서는 4개 국가)의 민족자료를 입수하지 못하여 분석에 누락되었다. 이로서 직면한 관측치의 손실이 약 10%가량이 되었다. 필자라면 민족 변수의 중요성을 저울질하기 위하여 먼저 beta coefficient(개념에 대해서는 추후 설명하도록 한다)를 추출하여 중요한 변수인지를 판단할 것이다. 하지만 그렇게 진행하지 않더라도 아래 분석에서 민족변수는 통계적 유의성이 나타나지 않은 중요하지 않은 변수이며, 투입과 삭제 과정에서 설명력의 차이도 보이지 않는다. 이러한 상황에서 필자는 관측치 10%의 누수를 막는 방향으로 모형을 활용하고자 한다.

Source	SS	df	MS
Model	24658.5943	9	2739.84381
Residual	3414.05683	33	103.456268
Total	28072.6512	42	668.396456

Number of obs	=	43
F(9, 33)	=	26.48
Prob > F	=	0.0000
R-squared	=	0.8784
Adj R-squared	=	0.8452
Root MSE	=	10.171

IND	Coef.	Std. Err.	t	P>|t|	[95% Conf.	Interval]
lnGDPpc70	-32.22862	20.28608	-1.59	0.122	-73.50096	9.043732
lnGDPpc70sq	2.764224	1.25421	2.20	0.035	.212514	5.315933
Dethnic	.0918439	.1036509	0.89	0.382	-.1190354	.3027233
germany	4.205765	7.670029	0.55	0.587	-11.39903	19.81056
spanish	-9.426352	5.876785	-1.60	0.118	-21.38276	2.530056
english	24.04536	6.278721	3.83	0.001	11.2712	36.81951
catholic	3.131488	5.744897	0.55	0.589	-8.556593	14.81957
protestant	3.611016	7.641803	0.47	0.640	-11.93635	19.15838
islam	8.717533	6.790358	1.28	0.208	-5.097553	22.53262
_cons	100.2933	79.88566	1.26	0.218	-62.23525	262.8219

Source	SS	df	MS
Model	26728.2806	8	3341.03508
Residual	4008.52788	38	105.487576
Total	30736.8085	46	668.191489

Number of obs	=	47
F(8, 38)	=	31.67
Prob > F	=	0.0000
R-squared	=	0.8696
Adj R-squared	=	0.8421
Root MSE	=	10.271

IND	Coef.	Std. Err.	t	P>|t|	[95% Conf.	Interval]
lnGDPpc70	-36.63437	19.26715	-1.90	0.065	-75.63867	2.369923
lnGDPpc70sq	3.073319	1.185877	2.59	0.013	.6726372	5.474
germany	2.055308	6.359248	0.32	0.748	-10.81832	14.92893
spanish	-11.43616	5.270433	-2.17	0.036	-22.10559	-.7667235
english	21.22785	5.600297	3.79	0.001	9.890637	32.56506
catholic	3.016951	4.817981	0.63	0.535	-6.736542	12.77044
protestant	3.738021	7.239529	0.52	0.609	-10.91764	18.39368
islam	5.983688	6.17443	0.97	0.339	-6.515792	18.48317
_cons	123.414	76.50613	1.61	0.115	-31.46458	278.2925

선택된 오른쪽 모형에서 통계적 유의성이 발현된 독립변수는 1인당 GDP(lnGDPpc70), 1인당 GDP의 제곱값(lnGDPpc70) 그리고 언어 중 영어사용여부(english)와 스페인어 사용여부(spanish)이다(P>|t|가 0.10보다 작은 독립변수). 이 모수를 대상으로 90년대의 1인당 GDP자료를 적용하여, 즉 (모수)×(90년대 경제지표)로 새로운 개인주의를 추정하는 방법이 Tang & Koveos가 제안한 방식이다. 간단하게는 아래와 같이 직접 모수를 눈으로 보고 입력하여 새 지표를 계산할 수도 있다. 하지만 시스템주의자인 필자는 해당 작업을 Stata에게 시키고자 마음을 먹었다.

```
. gen myIND=123.414+(-36.63437)×(lnGDPpc90)+(3.073319)×(lnGDPpc90sq)+(-11.43616)×(spanish) …
```

일단 (1)번 명령어 구문으로 측정 당시 경제지표와 개인주의를 활용하여 1인당 GDP의 모수를 추정한다. (3)번 구문에서 foreach 구문이 다시 등장한다. (3)번부터 (6)번 명령어 구문에서는 추정 후 모든 독립변수에 대하여 괄호안의 연산을 수행하도록 명령한다. 그런데 그 사이에 (2)번 명령어 구문과 같은 이상한 명령어가 실행되어 있다. 해당 구문이 실행되면 결과창에 e()라는 암호 같은 기호들이 가득 나열된다. 사실 명령어는 0개 혹은 그 이상의 입력값(argument)을 전달받아 연산 결과를 재전달(return)해 주는 계산기와 같다. reg라는 명령어를 실행하면 결과창에 결과도 보여주지만 사실 이러한 결과들은 전달받은 값(return value)을 보기 쉽게 정리한 결과이다. 즉 (2)번 명령어 구문은 regress 명령어를 수행한 후에 연산 결과 전달 받은 값들이 무엇이 있는지 알려주는 명령어이다. 이 중 e(b)에 우리가 추정한 모수가 저장된다. 이 값을 적절히 활용하면 추정된 모수를 직접 손으로 입력하지 않아도 되지만 이 전달값을 활용하기 위해서는 행렬구조를 이해해야 한다. Stata 행렬을 설명하려면 또 하나의 챕터가 필요하기에 더 쉽게 추정모수에 접근하는 방법을 알아보도록 하고, 여기서는 명령어를 실행하면 특정 값을 전달 받는다는 사실까지만 이해하도록 하자.

시스템주의자의 모수 저장 Stata 코드

```
(1) .reg IND lnGDPpc70 lnGDPpc70sq germany spanish english catholic protestant islam
(2) .ereturn list
(3) .foreach i of varlist lnGDPpc70 lnGDPpc70sq germany spanish english catholic protestant islam {
(4) .
(5) .    scalar coef_`i'=_b[`i']
(6) .}
(7) .scalar intercept=_b[_cons]
(8) .gen myIND=intercept+(lnGDPpc90*coef_lnGDPpc70)+(lnGDPpc90sq*coef_lnGDPpc70sq) ///
            +(spanish*coef_spanish)+(english*coef_english)
```

```
scalars:
                  e(N) =  47
               e(df_m) =  8
               e(df_r) =  38
                  e(F) =  31.67230887262352
                 e(r2) =  .869585423136909
               e(rmse) =  10.27071446809703
                e(mss) =  26728.28063460155
                e(rss) =  4008.527876036747
               e(r2_a) =  .8421297227446793
                 e(ll) =  -171.1718569031546
               e(ll_0) =  -219.0422228776199
               e(rank) =  9

macros:
            e(cmdline) : "regress IND_HF lnGDPpc70 lnGDPpc70sq germany spanish.."
              e(title) : "Linear regression"
         e(marginsok) : "XB default"
                e(vce) : "ols"
             e(depvar) : "IND_HF"
                e(cmd) : "regress"
         e(properties) : "b V"
            e(predict) : "regres_p"
          e(estat_cmd) : "regress_estat"

matrices:
                  e(b) :  1 x 9
                  e(V) :  9 x 9

functions:
             e(sample)

.
```

조금 더 손쉬운 추정 모수의 접근 방식은 모형 추정 후 beta가 확보되면 _b[변수명]으로 해당 모수를 활용하는 방법이다. (5)번 명령어 구문에서는 각 단계별로 local macro "i"에 저장된 각 변수명을 활용하여 추정모수에 접근하고, 이 값을「coef_」라는 접두어를 붙여 scalar로 저장하라는 명령어이다. scalar는 변수와는 다른 또 다른 저장 장소라고만 생각해 두자. 그리고 당연히 (7)번 구문을 활용하여 절편도 저장해 둔다. 이제 절편이 포함된 모든 변수의 추정 모수가 저장되었으니 우리가 필요한 통계적 유의성의 발현된 변수만 활용하여 90년대 경제지표로 개인주의를 업데이트하여 myIND로 저장한다(8번 명령어 구문).

코드카피, 정말 제대로 되었는가?

우리가 지금까지 수행한 추정이나 코드카피가 정말로 Tang & Koveos가 수행한 연구와 유사한지 자기점검의 시간이 왔다. 무섭고 떨린 마음으로 진행해 보자(사실 독자가 떨릴 이유는 없다). 독자를 위해 제공한 데이터셋에 홉스테드 문화지표뿐만 아니라 Tang & Koveos가 업데이트한 문화지표도 삽입해 놓았으니, 독자들도 필자의 코드카피가 정확했는지 점검해 보자. 변수의 동질성을 파악하기 위해 가장 손쉽게 활용할 수 있는 명령어가 우리가 배운 상관계수 추정 명령어 pwcorr이다. pwcorr로 확인한 결과 우리가 제작한 업데이트된 홉스테드 개인주의(myIND)는 Tang & Koveos의 업데이트된 홉스테드 개인주의와 97.33% 일치한다. 이로서 자료수집, 자료정리, 계량분석 전 과정의 98%가량이 정확히 코드카피된 사실이 확인되어 필자는 흡족한 미소를 짓는다.

```
. pwcorr myIND IND_TK

             |    myIND   IND_TK
-------------+------------------
       myIND |   1.0000
      IND_TK |   0.9733   1.0000
```

CHAPTER 02

모형설정 검정 및 실전 가정 검정

- 모형설정 오류 검정
- OLS 가정 검정1 : 설명변수 간 내생성 점검
- OLS 가정 검정2 : 동분산 점검
- OLS 가정 검정3 : 오차항의 평균 점검
- OLS 가정 검정4 : 오차항과 자기상관 점검
- 양념 더하기1 : 추정 후 독립변수의 모수 간 비교
- 양념 더하기2 : Stata의 누락 관측치 처리 정책
- 맛있는 통계분석을 위한 다음 레시피를 준비하며

모형설정 오류 검정

위에서 1인당 GDP의 제곱값이 갑자기 모형에 포함된 이유를 다음에 점검하자고 하였다. 사실 위 모형 선택은 본 장에서 기술될 가정 검정과 모형설정 오류 점검 후 최종 확정된 모형이지만 이들 검정은 분석과정에서 동시다발로 진행된다. 우선 모형설정 오류를 검정해보자. 누락변수의 존재는 독립변수에 영향을 주는 주요 변수가 오차항에 포함되어 있을 수 있다는 사실로 변수의 누락이 밝혀지면 해당 변수를 오차항에서 추출하여 모형에 포함시켜야 한다. 누락변수로 인한 모형설정의 오류가 발생했는지 확인하는 검정방법은 Ramsey RESET(Regression specification Error Test)이다. 그러나 위의 이론적 배경에서 설명하였듯이 Stata라는 통계 패키지는 개인주의(IND)에 영향을 주지만 주요한 누락변수를 자동적으로 구분해 줄 정도로 전지전능하지 않다. 그렇다면 Ramsey RESET은 어떻게 누락변수로 인한 모형설정오류 검정을 수행할까? Ramsey RESET은 독립변수의 제곱항, 세제곱항, 네제곱항을 종속변수로 투입하여 혹시라도 존재할 수 있는 다항관계의 누락을 파악할 수 있도록 한다. 즉, 종속변수와 독립변수가 갖게 될 다항 관계를 연구자가 미처 포착하지 못하였는지만 확인 가능하도록 하는 검정방식이다.

우리가 수행한 분석에서 4번 모형(7번 명령어 구문)은 1차 선형관계만 확인한다. 그러나 우리는 산포도를 이용한 분석에서 IND와 1인당 GDP는 1차 선형 관계도 추정할 수 있지만, 비선형 즉 2차 함수의 관계도 강력하게 의심되었다. 따라서 경제변인만 삽입한 모형을 수행 후 Ramsey RESET을 실행하면 다항 관계가 연구자의 오류로 모형이 포함하지 않았는지 확인할 수 있다. Ramsey RESET은 추정(estimation) 후 수행하는 명령어 구문이기에 사후추정(Post estimation) 명령어 군에 속하며 회귀분석 후 estat ovtest로 수행 가능하다.

```
. reg IND lnGDPpc70
. estat ovtest
```

결과에서 estat ovtest로 수행한 Ramsey RESET 검정의 귀무가설(null hypothesis)은 “모형은 누락변수가 존재하지 않는다(model has no omitted variables)”로 설정되어 있음을 확인할 수 있다. 이를 1% 통계적 유의도로 기각하는 결과가 나왔다(Prob>F=0.0000). 결과적으로 경제변인의 1차항만 추가하는 모형은 누락변수가 존재한다는 결과이어서 lnGDPpc70에 해당하는 제곱값을 모형에 넣어준다.

```
Ramsey RESET test using powers of the fitted values of IND
       Ho:  model has no omitted variables
                 F(3, 42) =      10.50
                 Prob > F =       0.0000
```

연산자에서 확인하였듯 ^는 제곱(power) 연산자로서 해당 연산자 다음에 나오는 수만큼 변수를 제곱을 수행한다. 이는 gen lnGDPpc70sq=lnGDPpc70*lnGDPpc70를 수행하여도 동일한 결과를 얻을 수 있다(필자 주: 여기서도 다른 홉스테드 문화척도의 모형설정오류 검정은 수행하지 않는다. 완결된 코드카피를 위해서 다른 변수도 모형설정오류 검정을 수행해 보기 바란다).

```
. gen lnGDPpc70sq=lnGDPpc70^2
```

OLS 가정 검정1 : 설명변수 간 내생성 점검

설명변수 간 내생성 점검은 완전공선성 및 내생성 배제 가정이 충족되었는지 검증한다. 다중공선성(multicollinearity, 다수 변수의 연산이 하나의 변수와 공선성을 유지하는 관계) 검증을 위해서는 collin 명령어를, 일반적은 내생성 검증을 위해서는 pwcorr 명령어로 확인 가능하다. 이론 부분에서 확인한 바와 같이 완전공선성은 Stata가 충돌이 발생하는 변수 중 하나를 자동으로 누락시킴으로서 문제를 해결해 준다. 그러나 Stata도 완전공선성에 가까운 다중공선성은 해결해 주지 못하기에 연구자가 검정을 통해 공선성이 발생한 변수를 어떻게 처리할지 결정해야 한다. 만약 높은 공선성이 발생한다면 해당 변수를 모형에서 제거하는 것이 거의 유일한 해결책이라 할 수 있다.

```
. collin lnGDPpc70 germany spanish english catholic protestant islam
```

```
                         SQRT                     R-
  Variable      VIF      VIF    Tolerance    Squared
----------------------------------------------------
 lnGDPpc70      1.73     1.32    0.5769      0.4231
   germany      1.49     1.22    0.6703      0.3297
   spanish      2.31     1.52    0.4324      0.5676
   english      1.56     1.25    0.6397      0.3603
  catholic      2.29     1.51    0.4364      0.5636
protestant      1.31     1.14    0.7636      0.2364
     islam      1.61     1.27    0.6193      0.3807
----------------------------------------------------
  Mean VIF      1.76
```

다중공선성은 다수의 변수와 하나의 변수가 선형관계에 있을 가능성을 검정한다. 예를 들어 catholic과 german의 조합이 lnGDPpc70과 높은 선형관계에 있을 수가 있는데 만약 그렇다면 세 변수는 높은 공선성 관계에 있다고 이야기한다. 다중공선성 점검을 위해 알려준 collin 명령어는 user defined 명령어로서 Stata가 기본적으로 제공하는 명령어가 아니라서 설치 후 사용해야 한다*. collin 명령어를 입력하고 우리가 선택한 모형을 뒤에 입력하여 명령어를 수행하면 VIF(variance inflation factor)와 mean VIF 결과를 보여준다. 어느 정도의 VIF를 수용할 것인가는 증명된 기준은 없지만 일반적으로 학자들은 개별 변수의 VIF는 10보다 낮아야 하고, mean VIF는 3.3보다 낮아야 한다고 설명하고 있다. 검증 결과에서 우리 데이터는 다중공선성 문제는 없는 것으로 나타났다.

다중공선성은 다수의 변수 조합이 선형관계에 있을 수 있는 가능성을 조사해 주는 반면 pwcorr나 corr는 두 변수 간의 내생성을 확인할 수 있도록 한다. pwcorr는 사실 변수들의 양자 간 상관관계(correlation)를 보여주는 명령어이다. 해당 명령어는 명령어 후 변수들을 나열시키고, 옵션으로 star()나 sig()를 덧붙일 수 있다. 위 명령어 구문에서 삽입한 star(0.01)은 1% 유의수준에서 유의미하다면 별(star)을 붙여서 유의성을 보이라는 옵션이다.

```
. pwcorr lnGDPpc70 germany spanish english catholic protestant islam, star(0.01)
```

명령어를 수행하면 변수로 리스팅한 수만큼의 n×n 매트릭스로 변수 사이의 상관계수를 보여주는데 대각선 위의 자료는 하단의 자료와 동일하기에 제시되지 않는다. 정확히 대각선에 위치한

* findit collin으로 해당 명령어를 찾아서 설치한다.

lnGDPpc70와 lnGDPpc70은 동일한 변수이기에 당연히 상관관계가 1로서 완전한 상관관계에 있다. catholic과 spanish는 0.5092의 상관관계를 보이며 이는 1%의 유의수준에서 통계적으로 유의미한데 이와 같이 pwcorr 명령어는 독립변수의 모든 조합에 대하여 상관관계를 보여준다.

	lnGDP~70	germany	spanish	english	catholic	protes~t	islam
lnGDPpc70	1.0000						
germany	0.4157*	1.0000					
spanish	-0.2572	-0.2182	1.0000				
english	0.0851	-0.1816	-0.2774	1.0000			
catholic	0.1303	0.0794	0.5092*	0.1009	1.0000		
protestant	0.1635	0.1140	-0.1741	0.2414	-0.3419	1.0000	
islam	-0.4516*	-0.1289	-0.1969	-0.1638	-0.3867*	-0.1028	1.0000

상관계수도 이론적으로 증명된 단 하나의 기준은 존재하지 않지만 일반적으로 학자들은 70%의 수준, 즉 상관계수가 0.7을 넘지 않는다면 문제시되지 않는다고 생각한다. 우리의 데이터에서도 70% 이상의 상관관계를 보이면서 모수가 통계적으로 유의한 경우는 포착되지 않아 우리의 데이터에서 OLS의 첫 번째 가정, 내생성 문제는 발견되지 않았다.

OLS 가정 검정2 : 동분산 점검

동분산 점검은 일단 그래프를 그려 눈으로 직접 확인하는 방법이 가장 간단하다. 아래와 같이 모형 추정 후 rvfplot을 수행하면 추정 후 적합값(fitted value)과 잔차값(residual)의 관계를 그래핑해준다. 위에서 확인한 ovtest는 사전검정이지만 rvfplot은 사후에 진단을 위해서 사용하는 그래프이므로 regress post-estimation diagnostic plot이라고 불린다. 아래 그림 오른쪽에 나타난 적합값 대비 잔차값의 관계에서 적합값이 증가할수록 잔차가 확대되거나 축소되는 현상은 특별히 감지되지 않아 동분산 조건이 만족되는 것으로 보인다.

```
. reg IND lnGDPpc70 lnGDPpc70sq germany spanish english catholic protestant islam
. rvfplot
```

rvfplot로 수행한 그래핑을 연구자가 직접 추정하여 일반 그래핑 방법으로 그릴 수도 있다. (1)~(3)번 구문은 Stata에서 제공하는 그래핑 명령어(rvfplot)로 잔차값과 적합값의 관계를 그래핑하고 저장하는 구문이다. 이와 동일한 동작을 (4)번부터 (7)번 명령어 구문으로 수행할 수 있다. 우선 (4)번 구문으로 모형을 추정한 후 (5)번 구문으로 종속변수의 적합값을 추정한다. 적합값을 저장하는 명령어는 predict로 이 또한 회귀분석 사후 명령어이다. predict는 옵션을 제시하지 않으면 종속변수의 적합값을 저장한다.

연구자가 적합값을 저장하는 변수 이름은 연구자의 의도에 따라 임의로 지정할 수 있지만 관행적으로 yhat(y hat이라고 읽는데, 이는 계량경제 이론에서 추정치란 의미에서 사용하는 기표를 이용한 명명 방법이다)으로 저장한다(5번 명령어 구문). 잔차값을 저장하는 방식은 적합값을 저장하는 방식과 동일하지만, 옵션으로 residual만 삽입한다. yhat과 동일한 이유로 잔차값도 ehat(추정된 error값)이라고 저장하여(6번 명령어 구문) 산포도를 그린다(7번 구문). 이후 Stata에서 제공하는 명령어로 그린 그래프와 우리가 도출한 추정값으로 그린 그래프를 비교하기 위하여 각각의 그래프를 저장하고(3번 & 8번 구문), 두 그래프를 병합하여 보여주었다(9번 구문). 우리가 적합값과 잔차값으로 그린 왼쪽과 vrfplot으로 오른쪽이 동일하다는 사실을 알 수 있다.

```
(1) . reg IND lnGDPpc70 lnGDPpc70sq germany spanish english catholic protestant islam
(2) . rvfplot
(3) . graph save "built_in", replace
(4) . reg IND lnGDPpc70 lnGDPpc70sq germany spanish english catholic protestant islam
(5) . predict yhat
(6) . predict ehat,resid
(7) . scatter ehat yhat
(8) . graph save "prediction", replace
(9) . graph combine "prediction" "built_in", xsize(2) ysize(1)
```

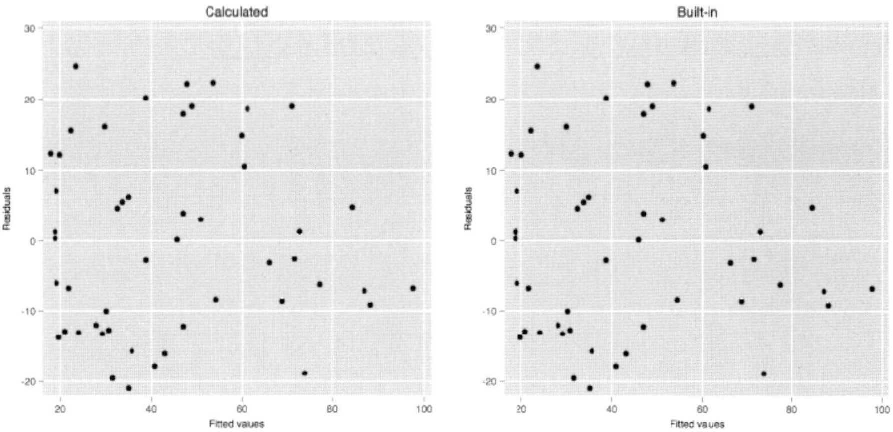

과학자는 누구나 동의할 수 있는 증거를 제시하는 사람들이기에 그래핑으로 점검한 동분산 만족은 논문에 수록하기에는 적합하지 않다. 논문에 동분산 가정 충족을 증명하기 위해서는 수치상 동분산 조건이 만족하는 지를 제공해야 하는데 이를 확증하기 위하여 다음과 같은 사후 검증을 수행한다.

```
. estat hettest
```

estat hettest를 수행하면 다음과 같은 결과가 출력되는데, 본 검정의 귀무가설은 "동분산(Contant variance)"이다. p(Prob>chi2)가 0.5703으로서 10% 유의수준에서도 귀무가설을 기각하지 못하여 이분산성이 존재하지 않는 것을 통계적으로 확인할 수 있다.

```
Breusch-Pagan / Cook-Weisberg test for heteroskedasticity
         Ho: Constant variance
         Variables: fitted values of IND

         chi2(1)      =     0.00
         Prob > chi2  =   0.9994
```

실증분석 후 추정된 적합값과 잔차값은 우리에게 많은 정보를 알려주기에 아주 유용하다. 그래서 추출한 적합값과 잔차값이 의미하는 바를 확인하기 위하여 다음과 같은 연산을 수행해 보자. 적합값과 잔차값을 더한 값을 IND_neo로 저장하고 기존 IND와 IND_neo가 동일한지 compare

명령어를 수행해 보자. 수행 결과 48개 관측치 중 46개가 동일하고, 생성한 IND_neo가 큰 관측치가 1개, 누락치로 인한 비교 불가 관측치가 1개로 파악되었다. IND_neo가 큰 경우도 list 명령어로 실제값을 확인해 보니 이는 소수점 이하 자리의 차이로 인하여 발생한 결과로 IND_neo와 IND는 사실상 동일한 값을 갖고 있다.

```
. gen IND_neo=yhat +ehat
. compare IND IND_neo
. list CountryCode IND_neo IND
```

```
                                        ---------- difference ----------
                            count       minimum      average     maximum
------------------------------------------------------------------------
IND<IND_neo                     1     -1.91e-06    -1.91e-06   -1.91e-06
IND=IND_neo                    46
                       ----------
jointly defined                47     -1.91e-06    -4.06e-08           0
IND_neo missing only            1
                       ----------
total                          48
```

```
     +----------------------------+
     | Countr~e   IND_neo     IND |
     |----------------------------|
27.  |      JAM         .      39 |
39.  |      PRT        27      27 |
     +----------------------------+
```

이번에는 IND에서 잔차값을 뺀 값을 yhat_neo로 저장하고 yhat과 비교하니 48개 관측치 중 42개의 관측치가 동일하고 yhat_neo가 큰 관측치가 3개, 작은 관측치가 2개로 파악된다. 해당 변수도 생성된 변수와 이미 존재하는 IND 변수를 list로 확인해보니 이 또한 추정한 소수점의 차이로 인하여 발생한 결과로 yhat_neo와 yhat은 동일한 변수임을 알 수 있다.

```
. gen yhat_neo=IND-ehat
. compare yhat yhat_neo
. list CountryCode yhat yhat_neo
```

```
                                        ---------- difference ----------
                            count       minimum      average     maximum
------------------------------------------------------------------------
yhat<yhat_neo                   3     -7.63e-06    -5.09e-06   -3.81e-06
yhat=yhat_neo                  42
yhat>yhat_neo                   2      1.91e-06     4.77e-06    7.63e-06
                       ----------
jointly defined                47     -7.63e-06    -1.22e-07    7.63e-06
jointly missing                 1
                       ----------
total                          48
```

```
     +---------------------------------+
     | Countr~e       yhat    yhat_neo |
     |---------------------------------|
 4.  |      BEL    65.4033    65.40331 |
12.  |      DNK   70.71037    70.71036 |
25.  |      ISR   47.90519     47.9052 |
26.  |      ITA   59.25102    59.25102 |
29.  |      KOR   26.32731    26.32731 |
     +---------------------------------+
```

두 결과는 predict로 추정한 종속변수의 적합값 yhat은 (종속변수-잔차)이고 (적합값+잔차값)는 종속변수와 동일하다는 사실을 확인해 준다. 즉, 이론적 배경에서 학습한 바와 같이 아래 그림에서 추정된 적합값은 실측치(여기에서는 IND)에서 오차를 제외한 값이며, 잔차값은 변수 간 관계를 추정한 후 설명하지 못하는 영역을 포함하는 수치임을 확인 할 수 있다.

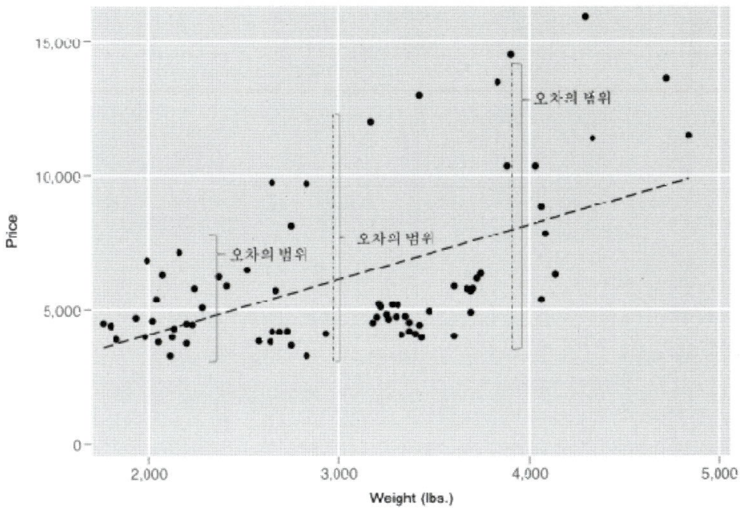

OLS 가정 검정3 : 오차항의 평균 점검

추정한 잔차값이 평균적으로 영(0)으로 회귀하는지도 점검해야 한다. 만약 잔차가 평균적으로 영(0)으로 회귀하지 않는다면 추정된 값이 평균적 성향을 반영하지 않았다는 사실의 방증으로 우리가 수행한 최소자승기법으로 추정한 내용의 적정성이 위협된다. histogram ehat를 활용한 히스토그램 점검에서 평균적으로 영(0)과 크게 다르지 않아 보이고 summarize를 이용한 기술통계에서도 잔차의 평균은 (1.62e-8)로서 유사한 결과를 보여준다.

```
. histogram ehat, percent bin(10)
. sum ehat
```

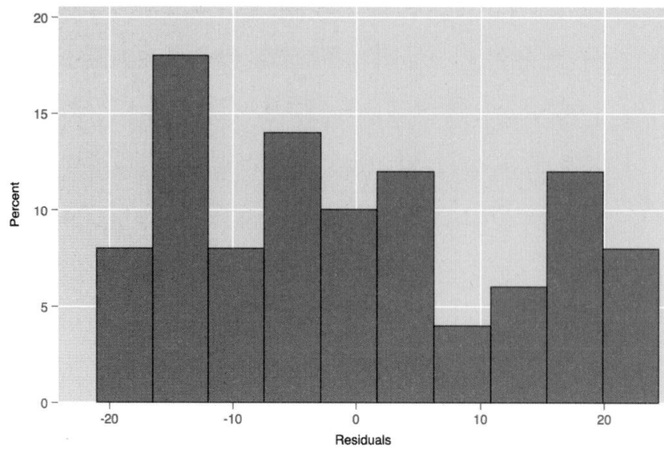

Variable	Obs	Mean	Std. Dev.	Min	Max
ehat	**47**	**-8.40e-09**	**9.334983**	**-19.3273**	**23.32582**

다시 강조하지만 우리는 사회과학자다. summarize로 확인한 결과가 아무리 0과 다르지 않아 보인다 하더라도 통계적 유의성 검증 과정을 거쳐 확증해야 한다. 이를 위하여 t-test를 수행하여 ehat의 평균이 영(0)과 다르다고 할 수 있는지 검정한다. 결과표 하단의 Ha: mean!=0에서 확인 가능하듯이 ehat의 평균은 영(0)과 다르다는 귀무가설을 기각하지 못하여, 오차항의 평균은 0으로 회귀한다고 확증할 수 있다.

```
. ttest ehat==0
```

```
One-sample t test
------------------------------------------------------------------------------
Variable |     Obs        Mean    Std. Err.   Std. Dev.   [95% Conf. Interval]
---------+--------------------------------------------------------------------
    ehat |      47   -8.40e-09    1.361647    9.334983   -2.740854    2.740854
------------------------------------------------------------------------------
    mean = mean(ehat)                                             t =  -0.0000
Ho: mean = 0                                     degrees of freedom =       46

    Ha: mean < 0                 Ha: mean != 0                 Ha: mean > 0
 Pr(T < t) = 0.5000         Pr(|T| > |t|) = 1.0000          Pr(T > t) = 0.5000
```

OLS 가정 검정4 : 오차항과 자기상관 점검

횡단면 자료에서는 자기상관은 일반적으로 발생하지 않는다고 이론 부분에서 이미 설명하였다. 자기상관은 특정 시점의 오차가 이전에 발생한 충격으로 발생한 오차와 연관성이 있을 때 발생한다. 이론에서 제시한 예시 이외에 다른 예를 보자면 증권시장에 한미 FTA와 같은 충격이 주어지면 해당 충격으로 발생한 요동은 며칠 동안 지속되는데 이러한 시계열성 발생하는 잔여 효과가 자기상관이다. 시계열 자료에서 이러한 현상이 발생하는 이유는 시계열 자료는 무작위 추출이 불가능하기 때문이다. 하지만 횡단면 자료는 표본으로 활용되는 각각의 관측치들이 서로 무관한 환경 즉, 자기상관이 발생하지 않는 환경에서 추출될 가능성이 높다. 따라서 무작위 샘플링(Random Sampling)이 적절히 수행되었다면 횡단면분석에서 자기상관은 우려할 상황이 아니다. 그래서 횡단면 자료에서는 무작위 샘플링이 적절히 수행되었는지 만 점검하면 된다. 이는 자료 특성 상 시계열 자료는 무작위 샘플링이 불가능하기에 자기상관의 원인이 된다는 뜻이다. 오늘의 KOSPI 지수와 어제의 KOSPI지수는 무작위로 샘플링된 것이 아니라는 점은 직관적으로도 인식할 수 있다. 더불어 종속변수와 오차항도 상관관계가 발생할 수 있는데 이 또한 시계열에서 빈번하게 발생하는 상황인지 횡단면 자료에서는 확인할 필요가 있다.

오차항과 독립변수의 상관관계 분석을 위해서도 pwcorr를 사용하면 된다. 그러나 오차항이 갖고 있는 방향성뿐만 아니라 절대적인 영향력을 파악하기 위해 ehat뿐만 아니라 ehat의 제곱과 독립변수가 상관관계 분석이 필요하다. (1)번 명령어 구문으로 ehat의 제곱항을 생성하여 ehat과 ehatsq이 다른 변수와 갖는 상관관계를 분석하니 오차항이 다른 독립변수와 상관관계는 존재하지 않는 것으로 판명되어 우리 자료에서는 자기상관이 존재하지 않는다.

```
. gen ehatsq=ehat^2
. pwcorr ehat ehatsq lnGDPpc70 germany spanish english catholic protestant islam, star(0.01)
```

	ehat	ehatsq
ehat	1.0000	
ehatsq	-0.0675	1.0000
lnGDPpc70	-0.0000	0.1090
germany	-0.0000	0.0550
spanish	-0.0000	0.0594
english	0.0000	-0.1570
catholic	-0.0000	0.1807
protestant	-0.0000	-0.1860
islam	0.0000	-0.1444

위에서 수행한 모든 검정으로 최소자승기법을 활용하기 위한 가정들이 우리의 데이터셋에서 모두 만족한다는 사실이 발견되어서 회귀분석 모형 중 최소자승기법을 활용할 수 있는 근거가 마련되었다.

양념 더하기1 : 추정 후 독립변수의 모수 간 비교

```
. reg IND lnGDPpc70 lnGDPpc70sq germany spanish english catholic protestant islam
```

Source	SS	df	MS			
				Number of obs	=	47
				F(8, 38)	=	31.67
Model	26728.2806	8	3341.03508	Prob > F	=	0.0000
Residual	4008.52788	38	105.487576	R-squared	=	0.8696
				Adj R-squared	=	0.8421
Total	30736.8085	46	668.191489	Root MSE	=	10.271

IND	Coef.	Std. Err.	t	P>|t|	[95% Conf.	Interval]
lnGDPpc70	-36.63437	19.26715	-1.90	0.065	-75.63867	2.369923
lnGDPpc70sq	3.073319	1.185877	2.59	0.013	.6726372	5.474
germany	2.055308	6.359248	0.32	0.748	-10.81832	14.92893
spanish	-11.43616	5.270433	-2.17	0.036	-22.10559	-.7667235
english	21.22785	5.600297	3.79	0.001	9.890637	32.56506
catholic	3.016951	4.817981	0.63	0.535	-6.736542	12.77044
protestant	3.738021	7.239529	0.52	0.609	-10.91764	18.39368
islam	5.983688	6.17443	0.97	0.339	-6.515792	18.48317
_cons	123.414	76.50613	1.61	0.115	-31.46458	278.2925

이미 독립변수로 사용한 변수들의 측정단위(unit of measurement)는 서로 달라서 추정된 모수를 서로 비교할 수 없다고 강조한 바 있다. 예를 들어 위와 같이 추정된 결과에서 "lnGDPpc70의

모수가 −36.634로 spanish의 모수 −11.436보다 절대값 측면에서 300%가량 크다고 말할 수 없는데, 이는 lnGDPpc70은 단위가 로그값을 취한 백만 달러이고 protestant는 질적 변수로 단위가 없어서이다. 그러나 간혹 독립변수의 영향 크기를 파악하기 위하여 모수의 절대적 영향력을 제시할 필요가 있는 경우도 발생한다. 해당 경우 변수에 로그값을 취하는 정책으로 백분율로 해석하거나, beta coefficient를 활용하는 두 가지 방안이 존재한다.

첫째 로그(log)를 활용하는 방법은 종속변수 및 독립변수 모두에 로그를 취하여 백분율 변화로 변화시키는 방법이다*. 변수를 로그화하여 이를 해석하는 방식은 다음의 세 가지 방식이 존재한다. 우리의 주요 관심은 전체 독립변수와 종속변수 모두에 로그를 취해 이를 해석하는 바가 목적이기에 log-log 모형에 집중하도록 하자.

독립변수 log \ 종속변수 log		
	level - level $y = \beta_0 + \beta_1 \cdot x + \epsilon$	log - level $\ln(y) = \beta_0 + \beta_1 \cdot x + \epsilon$
	level - log $y = \beta_0 + \beta_1 \cdot \ln(x) + \epsilon$	log - log $\ln(y) = \beta_0 + \beta_1 \cdot \ln(x) + \epsilon$

로그값을 취하지 않은 변수를 활용하는 방식(level-level 방식)과 달리 log-log 모형의 해석은 x(독립변수)가 1% 상승 시 y(종속변수)는 β%가 상승한다고 해석한다. 이론적으로는 모든 독립변수에 log를 취하여 각 독립변수의 백분율 영향력을 설명할 수 있지만 우리 자료에서는 영(0) 값을 포함한 다수의 질적 변수를 포함하고 있어 로그-로그 방식을 활용할 수 없다(0에 왜 로그를 취할 수 없는지는 중등수학 과정이라 자세한 설명은 생략한다).

두 번째로 사용할 수 있는 방법은 beta coefficient를 활용하는 방법이다. beta coefficient는 변수를 표준화 후 회귀분석을 실시하기에 변화된 모든 단위가 1 표준편차로 동일해 진다. 즉 모든 독립변수의 추정 모수는 1표준편차의 변화에 따른 종속변수 표준편차의 변화를 보여준다. beta coefficient를 수행하기 위해서는 reg 명령어 뒤에 beta 옵션을 추가하면 된다.

* 변수를 로그로 변화하는 방법은 1인당 GDP에 ln(natural log)를 취하였던 명령어 구문을 참조

```
. reg IND lnGDPpc70 lnGDPpc70sq germany spanish english catholic protestant islam, beta
```

해당 명령어 구문을 수행하면 일반적인 추정 모수와 더불어 우측에 beta coefficient값을 보여준다. 추정결과 lnGDPpc70의 영향력은 spanish의 영향력보다 절대적 측면에서 약 10배의 영향력이 있다는 사실을 알 수 있다. 즉, lnGDPpc70가 1 표준편차가 증가할 때 IND 값은 1.8 표준편차만큼 감소하고 english가 1 표준편차만큼 증가할 때 IND값은 0.31만큼 증가한다. 이로서 절대적 기준에서 lnGDPpc70의 영향력이 가장 크며, 그 다음으로 english와 spanish의 영향력이 큰 것으로 파악된다.

가장 완벽한 모형은 없듯이 beta coefficient도 그 나름의 한계를 갖는데, 해석상의 어려움이 따른다는 사실이다. 즉, 변수 간 영향의 크기는 비교할 수 있도록 하지만 1 표준편차가 증가한다는 의미가 무엇인지에 대한 설명은 어렵다. 더불어 아쉽게도 모든 물리 현상을 설명하는 통합장이론은 아직 발견되지 않았듯이, Stata에서 모든 통계 모형에 추가 가능한 beta coefficient 옵션은 아직 개발되지 않았다. 희망적이지 않은가! 우리가 도전할 수 있는 가능성이 남아있다.

```
. reg IND lnGDPpc70 lnGDPpc70sq germany spanish english catholic protestant islam, beta

      Source |       SS           df       MS      Number of obs   =        47
-------------+----------------------------------   F(8, 38)        =     31.67
       Model |  26728.2806         8  3341.03508   Prob > F        =    0.0000
    Residual |  4008.52788        38  105.487576   R-squared       =    0.8696
-------------+----------------------------------   Adj R-squared   =    0.8421
       Total |  30736.8085        46  668.191489   Root MSE        =    10.271

------------------------------------------------------------------------------
         IND |      Coef.   Std. Err.      t    P>|t|                     Beta
-------------+----------------------------------------------------------------
   lnGDPpc70 |  -36.63437   19.26715    -1.90   0.065                -1.805228
 lnGDPpc70sq |   3.073319   1.185877     2.59   0.013                 2.506014
     germany |   2.055308   6.359248     0.32   0.748                 .0268205
     spanish |  -11.43616   5.270433    -2.17   0.036                -.1949963
     english |   21.22785   5.600297     3.79   0.001                 .3119643
    catholic |   3.016951   4.817981     0.63   0.535                 .0583293
  protestant |   3.738021   7.239529     0.52   0.609                 .0357314
       islam |   5.983688    6.17443     0.97   0.339                  .072144
       _cons |    123.414   76.50613     1.61   0.115                        .
------------------------------------------------------------------------------
```

양념 더하기2 : Stata의 누락 관측치 처리 정책

Stata는 변수는 형식을 다중으로 설정할 수 없다. 즉, 어떤 변수를 숫자형 변수로 지정하면 숫자형으로만 활용되어야 한다. 만약 숫자형으로 지정된 변수의 특정 관측치를 문자형 자료로 변경하려 시도한다면 형식이 맞지 않는다는 오류메시지를 출력한다. Stata 예제파일 auto.dta 파일에서 (sysuse auto로 메모리 로딩 가능) rep78 변수는 전체 74개 관측치 중 5개의 관측치가 누락되어있다.

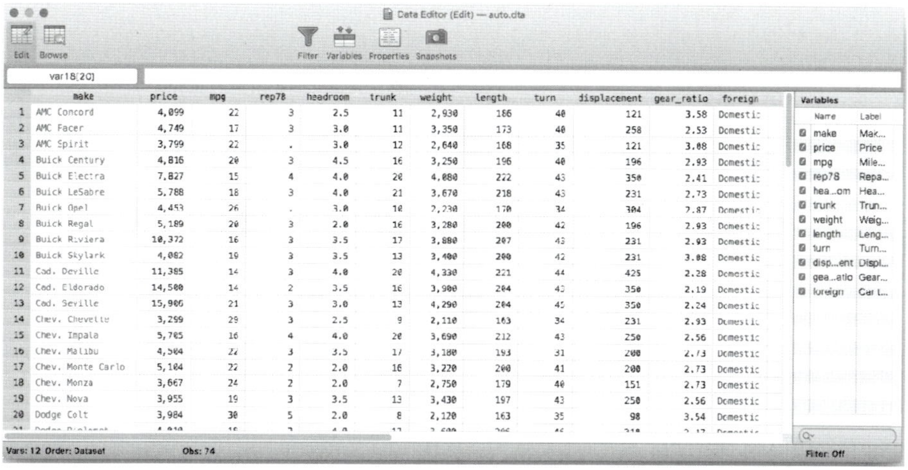

	make	price	mpg	rep78	headroom	trunk	weight	length	turn	displacement	gear_ratio	foreign
1	AMC Concord	4,099	22	3	2.5	11	2,930	186	40	121	3.58	Domestic
2	AMC Pacer	4,749	17	3	3.0	11	3,350	173	40	258	2.53	Domestic
3	AMC Spirit	3,799	22	.	3.0	12	2,640	168	35	121	3.08	Domestic
4	Buick Century	4,816	20	3	4.5	16	3,250	196	40	196	2.93	Domestic
5	Buick Electra	7,827	15	4	4.0	20	4,080	222	43	350	2.41	Domestic
6	Buick LeSabre	5,788	18	3	4.0	21	3,670	218	43	231	2.73	Domestic
7	Buick Opel	4,453	26	.	3.0	10	2,230	170	34	304	2.87	Domestic
8	Buick Regal	5,189	20	3	2.0	16	3,280	200	42	196	2.93	Domestic
9	Buick Riviera	10,372	16	3	3.5	17	3,880	207	43	231	2.93	Domestic
10	Buick Skylark	4,082	19	3	3.5	13	3,400	200	42	231	3.08	Domestic
11	Cad. Deville	11,385	14	3	4.0	20	4,330	221	44	425	2.28	Domestic
12	Cad. Eldorado	14,500	14	2	3.5	16	3,900	204	43	350	2.19	Domestic
13	Cad. Seville	15,906	21	3	3.0	13	4,290	204	45	350	2.24	Domestic
14	Chev. Chevette	3,299	29	3	2.5	9	2,110	163	34	231	2.93	Domestic
15	Chev. Impala	5,705	16	4	4.0	20	3,690	212	43	250	2.56	Domestic
16	Chev. Malibu	4,504	22	3	3.5	17	3,180	193	31	200	2.73	Domestic
17	Chev. Monte Carlo	5,104	22	2	2.0	16	3,220	200	41	200	2.73	Domestic
18	Chev. Monza	3,667	24	2	2.0	7	2,750	179	40	151	2.73	Domestic
19	Chev. Nova	3,955	19	3	3.5	13	3,430	197	43	250	2.56	Domestic
20	Dodge Colt	3,984	30	5	2.0	8	2,120	163	35	98	3.54	Domestic

rep78변수의 3번과 7번 관측치처럼 누락값은 Stata에서 「.」으로 표현된다. 그런데 만약 「.」가 숫자가 아니라면 rep78변수는 변수값의 통일성이 위배되어 입력이 불가능하게 된다. 따라서 「.」로 표시된 누락변수는 사실 상 숫자라는 사실을 직관적으로 이해할 수 있다. Stata는 「.」라는 값을 숫자로 처리하기 위하여 아주 큰 값을 할당하여 처리하고 있다. 이는 만약 값이 없음을 표시하기 위하여 해당 관측치에 space값을 사용한다면 이는 space라는 문자형 값이 되기 때문이다.

이러한 Stata의 누락관측치 관리 정책 때문에 Stata를 활용하는 연구자들은 연산과정에서 주의를 기울일 필요가 있다. 그 예를 아래 구문에서 확인해 보자. 아래 1번 구문으로 전체 관측치를 확인하면 74개의 관측치가 집계된다. 이 중 1 보다 큰 수리이력(rep78)을 가진 관측치는 72개이고 (2번 구문), 1 이하의 관측치는 2개로 분석되었다. 그러나 rep78변수 중 누락된 관측치는 5개인데, 그렇다면 누락관측치는 (2)번 구문이나 (3)번 구문에 포함되어 집계되었을 것이다.

```
(1) . count
(2) . count if rep78>1
(3) . count if rep78<=1
(3) . count if rep78==.
```

누락 관측치는 아주 큰 값이 할당되었기에 (2)번 구문 결과에 포함되어 1보다 큰 관측치와 1보다 작은 관측치 수의 합이 전체 관측치 수와 동일하게 된다. 이렇듯 조건문을 사용하여 연산을 수행할 경우 연구자가 의도하지 않은 연산을 수행할 수 있는데 Stata를 사용하는 사용자들은 숫자형 누락 관측치는 실제 누락값이 아니고 아주 큰 값이 할당된 숫자라는 사실을 항상 명심해야 한다.

맛있는 통계분석을 위한 다음 레시피를 준비하며

지금까지 계량경제 핵심 이론으로부터 데이터의 수집과 점검, 가정 충족 검정, 모형 추정까지 논문 한 편을 작성하기 위한 전체 레시피를 살펴보았다. 최소자승기법(OLS)는 모든 모형의 출발이면서, 가장 효율적인 분석 방법이지만 결코 만능은 아니다. 우리가 수집한 표본의 성격이나 자료의 특이구조, 분석의 한계 등으로 인하여 OLS에서 출발한 통계분석은 이제 험난한 여정의 시작을 의미한다. 그러나 본 책에서 설명한 이론과 실제들을 잘 이해하고 있으면, 그래서 계량경제의 출발점을 잘 기억한다면 험난한 여정에서 하나하나의 레시피를 정복해 나가는 과정은 그렇게 힘들지 않고 습득시간도 빨라질 것이다.

사실 철저한 계량분석은 좋은 논문을 작성하기 위한 기본이다. 이 충실한 기본은 본인이 작성한 논문을 읽는 평가자나 또 다른 독자를 설득시킬 수 있는 중요한 도구가 된다. 계량 학습을 막 시작한 우리에게 위안이 되는 사실은 잘 연마된 도구를 이미 보유한 연구자라더라도 그 중요한 도구로 남을 설득시키지 못하는 연구자도 많다는 점이다. 설득력 높은 논문을 쓰는 연구자들은 좋은 도구도 구비하였지만 근본적인 원인은 참신한 연구 아이디어로 연구 혁신성을 유지한다. 계량경제를 꾸준히 그리고 열심히 공부하는 동시에, 다른 학제에서의 아이디어, 본인 전공의 보다 깊은 이해를 통해 차별화된 연구 아이디어를 창출하는 방법에 대한 고민도 등한시해서는 안 된다. 그 걸음에 이 책이 작은 도움이 되기를 바란다. 그리고 횡단면에서도 OLS 모형 이외에 독자들이 가장 필요로 하는 우선순위가 높은 모형들이 분명 있으리라. 피드백을 준다면 다음에 카피할 논문을 선정하는데 큰 도움이 될 것이다.

Life is currently buffering, but it will end soon. illustrated by JiyonKim (@greeooda)

찾아보기

● ㅇ

● ㅈ

● ㅊ

● ㅍ

● ㅎ